U0192964

滨海软土城市工程勘察关键技术

潘永坚　姚燕明　李高山　张立勇　编著

浙江工商大学出版社
ZHEJIANG GONGSHANG UNIVERSITY PRESS

·杭州·

图书在版编目(CIP)数据

滨海软土城市工程勘察关键技术 / 潘永坚等编著.
—杭州：浙江工商大学出版社，2021.1
ISBN 978-7-5178-4329-0

Ⅰ．①滨… Ⅱ．①潘… Ⅲ．①软土地区—市政工程—
工程地质勘察—研究 Ⅳ．①TU99

中国版本图书馆 CIP 数据核字(2021)第 025538 号

滨海软土城市工程勘察关键技术

潘永坚　姚燕明　李高山　张立勇　编著

责任编辑	张婷婷
封面设计	沈　婷
责任印制	包建辉
出版发行	浙江工商大学出版社
	（杭州市教工路 198 号　邮政编码 310012）
	（E-mail:zjgsupress@163.com）
	（网址:http://www.zjgsupress.com）
	电话:0571-88904980,88831806（传真）
排　　版	杭州朝曦图文设计有限公司
印　　刷	浙江全能工艺美术印刷有限公司
开　　本	787mm×1092mm　1/16
印　　张	14
字　　数	323 千
版 印 次	2021 年 1 月第 1 版　2021 年 1 月第 1 次印刷
书　　号	ISBN 978-7-5178-4329-0
定　　价	52.00 元

内容简介

本书论述了软土城市工程勘察中的关键技术。内容包括不同取样方法的饱和软土物理力学特性试验研究、饱和软土抗剪强度特性室内试验研究、软土地区基准基床系数试验方法与取值标准研究、不同测试方法的海相软土电阻率测试研究、滨海城市海相沉积土中浅层天然气探查、基于宁波地面沉降监测成果的地面沉降成因及其机理研究、城市浅层地下水对地下空间开发利用影响研究和城市复杂管网条件下的安全勘察技术等。

本书可供从事岩土工程勘察的技术人员使用,也可供岩土工程与土木工程领域设计、施工、管理的技术人员和大专院校师生参考。

限于水平,本书不足之处在所难免,恳望广大读者不吝指正。

编委会

编著单位:浙江省工程勘察设计院集团有限公司

　　　　　宁波市轨道交通集团有限公司

　　　　　浙江省水文地质工程地质大队潘永坚劳模工匠创新工作室

主　　编:潘永坚　姚燕明　李高山　张立勇

编　　委:(排名不分先后,以姓氏笔画为序)

　　　　　王华俊　叶荣华　刘　敏　刘生财　李　飚　吴炳华

　　　　　沈晓武　张　鹏　张秉政　欧阳涛坚　胡臻荣　章　璇

　　　　　景　浩　楼国长　蔡国成　潘　杰

前　言

软土是第四纪后期地表流水所形成的沉积物质,是指天然孔隙比大于或等于 1.0 且天然含水量大于液限的细粒土,多分布于海滨、湖滨、河流沿岸等地势较低洼地段,其具有低强度、高压缩性、低渗透性、显著的结构性、明显的流变性等特征。在我国大连、天津、连云港、上海、杭州、宁波、福州、广州、昆明等城市,广泛分布着软土。

软土城市多位于沿海地区,经济发展较为迅速。经济的高速发展伴随着轨道交通、市政道路、机场、高铁等工程的快速建设,也面临着越来越多的工程地质问题。软土城市工程勘察不同于空旷的郊外农村地带工程勘察,不同于山地工程勘察,它要面临软土的固有低强度、高压缩性、低渗透性、显著的结构性、明显的流变性所产生的物理力学指标的测定,面临软土的特殊沉积环境所产生的不良地质的调查,面临城市复杂管网条件下的安全勘察。通过一系列勘察技术的研究开发及工程应用,提出安全可靠的地下管线、浅层气、地面沉降勘察技术措施,获取更加准确合理的软土工程特性和关键设计参数的测试、取值方法,可以为软土城市工程的设计、施工及运营提供科学的依据和技术支撑。

本书以宁波城市软土工程勘察实践和地下水对地下空间开发利用影响研究等各类项目为依托,开展专题研究,系统总结了软土城市工程勘察的关键技术。全书共 9 章,内容包括:不同取样方法的饱和软土物理力学特性试验研究、饱和软土抗剪强度特性室内试验研究、软土地区基准基床系数试验方法与取值标准研究、不同测试方法的海相软土电阻率测试研究、滨海城市海相沉积土中浅层天然气探查、基于宁波地面沉降监测成果的地面沉降成因及其机理研究、城市浅层地下水对地下空间开发利用影响研究和城市复杂管网条件下的安全勘察技术等,重点提炼与推广了其中的新理论、新方法和新技术。

本书在撰写过程中,搜集并参考引用了大量的科技论文、著作、技术标准等资料,在此对资料被本书引用的学者专家表示衷心的感谢。

限于水平,本书欠妥之处在所难免,恳望广大读者不吝指正。

作　者

2020 年 8 月

目　　录

第1章　绪论 ……………………………………………………………… 1

第2章　不同取样方法的饱和软土物理力学特性试验研究 …………… 3

　　2.1　概述 …………………………………………………………… 3

　　2.2　试验场地岩土工程条件概况及取样方案设计 …………………… 5

　　2.3　室内试验方案设计 …………………………………………… 9

　　2.4　不同取样方法下软土物理力学性质指标对比分析 ……………… 11

　　2.5　不同取样直径下软土物理力学性质指标对比分析 ……………… 12

　　2.6　饱和软土物理力学指标差异性分析 …………………………… 13

　　2.7　不同取样方法下饱和软土扰动程度分析 ……………………… 13

　　2.8　本章小结 ……………………………………………………… 14

第3章　饱和软土抗剪强度特性室内试验研究 ………………………… 16

　　3.1　概述 …………………………………………………………… 16

　　3.2　方案设计 ……………………………………………………… 17

　　3.3　不同预压荷重下饱和软土抗剪强度特性研究 ………………… 19

　　3.4　高应力作用下饱和软土抗剪强度特性研究 …………………… 26

　　3.5　重塑软土抗剪强度特性研究 …………………………………… 31

　　3.6　本章小结 ……………………………………………………… 46

第4章　软土地区基准基床系数试验方法与取值标准研究 …………… 48

　　4.1　概述 …………………………………………………………… 48

　　4.2　研究区自然地理及岩土工程条件 ……………………………… 49

　　4.3　基床系数的测试及分析 ………………………………………… 50

　　4.4　基准基床系数取值分析 ………………………………………… 72

　　4.5　基准基床系数影响因素分析 …………………………………… 78

　　4.6　本章小结 ……………………………………………………… 82

第5章　不同测试方法的海相软土电阻率测试研究 …………………… 84

　　5.1　概述 …………………………………………………………… 84

　　5.2　主要研究工作 ………………………………………………… 84

　　5.3　土壤电阻率影响因素关系 ……………………………………… 92

5.4 不同方法的土壤电阻率测试分析 ···················· 97

5.5 本章小结 ···················· 99

第6章 滨海城市海相沉积土中浅层天然气探查 ···················· 100

6.1 概述 ···················· 100

6.2 浅层气的分布特性及危害 ···················· 100

6.3 浅层气的勘察工艺 ···················· 104

6.4 宁波软土浅层气的勘察实例 ···················· 107

6.5 本章小结 ···················· 116

第7章 基于宁波地面沉降监测成果的地面沉降成因及其机理研究 ······ 118

7.1 概述 ···················· 118

7.2 国内外研究现状及存在的问题 ···················· 119

7.3 宁波市地面沉降发展特征分析 ···················· 123

7.4 第四纪土体特征与地面沉降关系对比分析 ···················· 128

7.5 不同影响因素下地面沉降特征分析及影响因素评价 ···················· 135

7.6 大面积填土荷载作用下软土城市土体固结变形特性有限元分析 ···················· 145

7.7 本章小结 ···················· 152

第8章 城市浅层地下水对地下空间开发利用影响研究 ···················· 154

8.1 概述 ···················· 154

8.2 研究区水文地质条件 ···················· 154

8.3 浅层地下水对地下空间开发利用的影响 ···················· 157

8.4 浅层地下水对宁波市轨道交通建设影响分析 ···················· 166

8.5 地下水环境影响防治措施及环境保护 ···················· 172

8.6 本章小结 ···················· 174

第9章 城市复杂管网条件下的安全勘察技术 ···················· 177

9.1 概述 ···················· 177

9.2 工程钻探法在深埋非金属管线探测中的改进和应用 ···················· 177

9.3 跨孔超声波法探测地下管道埋深的应用技术研究 ···················· 186

9.4 本章小结 ···················· 209

参考文献 ···················· 211

第 1 章　绪论

　　滨海软土城市工程勘察不同于空旷的郊外农村地带工程勘察,也不同于山地工程勘察,它所面临的勘察对象——软土,具有低强度、高压缩性、低渗透性、显著的结构性、明显的流变性等性质,这对软土的取样方法、参数指标测试手段及取值均提出了更为严格的要求,同时还要面临软土的特殊沉积环境所产生的不良地质现象以及不良地质作用。此外,城市工程勘察不可避免地还要面临城市管线对勘察的影响,尤其在现代高速发展的城市,往往密布各类地下管线。

　　滨海软土城市工程勘察具有其特殊性,也更具有针对性,对参数指标的精确度要求更高,对勘察工作手段就有着更为严格的要求。勘察工作手段通常包括勘探、取样、测试等。软土的取样往往因为其结构性、流变性等原因,更易出现样品质量问题,因而软土的取样如何满足测试要求,又能符合生产实际,是一个值得深究的问题。软土的测试中一个非常重要的测试项目是抗剪强度,软土尤其是饱和软土的抗剪强度测试,规范上测试方法与软土的实践经验有一定的差距,如何更好地更符合实践经验地进行测试,也有待于进一步研究。随着近几年重大工程项目的不断增加,对电阻率、基床系数等测试要求也不断提高,尤其是在轨道交通项目上,然而现行规范标准并没有给出一个普遍适用的测试方法,如何更准确地获取这些参数,对测试提出了新的要求。

　　滨海软土的产生在于其特殊的沉积环境,然而特殊的沉积环境往往又带来了特殊的地质问题。浅层气(也有称为浅层天然气、沼气)就是在这种特殊的沉积环境中产生的,该气体的存在对工程建设往往存在较大的影响。随着我国滨海城市,尤其是东部沿海和长三角地区的轨道交通工程建设的大规模推进,浅层气问题越来越成为制约工程建设尤其是轨道交通工程进展的重要问题,由浅层气导致的工程事故也成为工程的一大制约因素,甚至在部分地区其已成为影响工程进展的主要因素之一。因此,浅层气的探查成为滨海软土城市勘察的一项新挑战。地面沉降问题也是软土城市中普遍存在的不良地质作用,上部荷载不断增大、地坪标高的不断抬升以及软土的高压缩性,都给地面沉降问题带来了不利影响。地面沉降已经成为滨海软土城市最普遍的不良地质作用,严重影响工程建设。因此,深入研究软土城市地面沉降成因和沉降机理,并对地面沉降的发展趋势及其控制应对措施提出建议,在滨海软土城市工程勘察中具有很好的实际意义和应用价值。

　　随着滨海软土城市建设的迅速发展,地下管线的数量和规模越来越大,构成状况更加错综复杂,地下管线的勘察也就成了滨海软土城市安全勘察的重点。由于历史原因、环境条件和当前技术水平的制约,地下管线勘察存在地下管线资料缺失,存档资料与实际不符;地下管线权属单位多导致档案资料格式不统一,内容残缺不全;地下管线受外力发生位移,造成实际与资料有偏差;地下管线抗破坏能力差;复杂管线物探手段探测难度大;现有工程钻头破坏性大等问题。岩土工程勘察钻探中,一旦损坏地下铺设的水、气、油管道或电线、网络设施会给国家、社会和人民造成重大损失,有时会酿成重大事故,因此在城市工程勘察钻探过程中,尤其是地下水位埋深较浅的软土城市,如何有效避开地下管线,使其不受破坏,是城市建设勘察过程中的一道难题。

滨海软土城市通常地下水水位较高,地下水的影响通常更为广泛,尤其是在地下工程施工时。浅层地下水对地下工程空间开发和运营存在诸多不利影响,基坑开挖和盾构施工可能遇到涌水、流砂、坑底突涌等问题,容易造成开挖面失稳并造成安全事故,对周边原有建(构)筑物、地下管线等造成损害;工程施工中的基坑降水则容易引发地表不均匀沉降和过量沉降,对周边环境和建筑物造成损害;地下水的腐蚀性、地下水位变化则可能对地下工程的安全运营造成影响。因此,深入调查了解地下水水文地质情况,重点评价地下水对地下空间开发利用的影响,重点研究软土城市浅层地下水对地下空间开发利用的影响,为软土城市地下空间合理开发利用和风险管控的重要科学依据。

本专著以典型滨海软土城市宁波为试验点,开展了勘察工作手段、不良地质、管线探测以及地下水评价等研究,通过理论分析、设备开发、原位测试、室内试验等方法,深入分析探讨了在滨海软土城市岩土勘察的一些关键技术,以期于指导滨海软土城市工程勘察实践和优化设计,对提高勘察设计水平具有一定的实际意义和工程应用价值。

第 2 章　不同取样方法的饱和软土物理力学特性试验研究

2.1　概述

2.1.1　土样质量等级

在勘察中,通过钻探过程采取尽可能保持天然结构、天然含水量和状态的土样,即所谓"不扰动样",供实验室内土工试验测定土的物理力学性质指标。取土的质量对岩土工程性质评价的可靠性起着关键作用,是工程勘察的重要基础。

关于土样的扰动及其对试验的影响主要有五方面:①应力状态的改变;②孔隙比和含水量的变化;③结构扰动;④化学变化;⑤土的组成成分的混杂。从理论上讲,除了应力状态的改变引起土样弹性膨胀不可避免之外,其余几项都可以通过适当的操作方法和工具来克服或减轻。但实际上真正完全不扰动的土样是无法取得的。扰动程度是一个相对的概念,没有严格的定量标准,不同的试验对土样有不同的扰动程度的控制要求。参照国外的经验,《岩土工程勘察规范》对土样质量级别做了四级划分,规定了各级土样能够进行的试验项目,见表 2-1。

表 2-1　土试样质量等级

级别	扰动程度	试验内容
Ⅰ	不扰动	土类定名、含水量、密度、强度试验、固结试验
Ⅱ	轻微扰动	土类定名、含水量、密度
Ⅲ	显著扰动	土类定名、含水量
Ⅳ	完全扰动	土类定名

2.1.2　取土器的类型及其适用条件

取土器的结构和类型是影响取土质量的主要因素之一。对取土器的基本要求是尽可能使所取土样不受或少受扰动;能顺利地切入土层中并取出土样;结构简单,使用方便。目前国内外钻孔取土器按壁的厚薄程度可分为薄壁和厚壁两类,按进入土层的方式可分为贯入(静压或锤击)和回转两类。

贯入式取土器可分为敞口取土器和活塞取土器两大类型。敞口取土器按管壁厚度分为厚壁和薄壁两种;活塞取土器则分为固定活塞、水压固定活塞、自由活塞等几种。回转取土器主要有单动、双动二重(三重)管取土器两种类型。

各取土工具适用性、土试样质量等级见表2-2。

表 2-2　不同等级土试样的取样工具适宜性

土试样质量等级	取样工具		适用土类					粉土
			黏性土					
			流塑	软塑	可塑	硬塑	坚硬	
I	薄壁取土器	固定活塞	++	++	+	−	−	+
		水压固定活塞	++	++	+	−	−	+
		自由活塞	−	+	++	−	−	+
		敞口	+	+	+	−	−	+
	回转取土器	单动三重管	−	+	++	++	+	++
		双动三重管	−	−	−	+	++	−
	探井(槽)中刻取块状土样		++	++	++	++	++	++
I～II	束节式取土器		+	++	++	−	−	+
	原状取砂器		−	−	−	−	−	++
II	薄壁取土器	水压固定活塞	++	++	+	−	−	+
		自由活塞	+	++	++	−	−	+
		敞口	++	++	++	−	−	+
	回转取土器	单动三重管	−	+	++	++	+	++
		双动三重管	−	−	−	+	++	−
	厚壁敞口取土器		+	++	++	++	++	+
III	厚壁敞口取土器		++	++	++	++	++	++
	标准贯入器		++	++	++	++	++	++
	螺纹钻头		++	++	++	++	++	+
	岩芯钻头		++	++	++	++	++	++
IV	标准贯入器		++	++	++	++	++	++
	螺纹钻头		++	++	++	++	++	++
	岩芯钻头		++	++	++	++	++	++

2.1.3　不扰动土样的采取方法

钻孔中不扰动土样的采取有击入法、压入法和回转法三种,其中回转法可以减少取样时对土试样的扰动,从而提高取样质量,但是仅适用于地下水位以下的土层,对地下水位以上的土层不宜采用。探井、探槽中不扰动土样的采取多采用在探井(槽)壁上或底部人工刻切块状或柱状土样,人工刻切取土质量相对较高。

土样质量的优劣不仅取决于取样器具和采取方法,还取决于取样过程中的各项操作是否恰当,如钻进、取样以及土样的密封、运输和制样均需满足相关规范的操作要求。

2.2　试验场地岩土工程条件概况及取样方案设计

2.2.1　场地岩土工程条件

场地地形地貌单一类型属于滨海淤积和冲湖积平原,地势开阔较平坦,沉积类型以第四系海相软土层为主。地面高程 1.80～2.00 m。现场取样点地貌见图 2-1。

图 2-1　取样场地地貌

根据勘察钻探采取的岩芯、地质成因及年代、室内土工试验资料,将试验场地第四纪地基土划分为 9 个工程地质层组,其分布概括见表 2-3。

表 2-3　场地钻探揭露土层分布表

序号	名称	状态	平均厚度(m)
①	黏性土	可、流塑	3.3
②	黏性土	流、软塑	15.6
③	黏性土	流塑	3.4

序号	名称	状态	平均厚度
④	黏性土	流、软塑	23.7
⑤	黏性土、砂土	可塑、中密	11.1
⑥	黏性土	可塑	2.0
⑦	砂土	中密	11.1
⑧	砂土	密实	13.9
⑨	黏性土	可～硬塑	6.0

取样深度内地下水类型为孔隙潜水，主要赋存于场地表部黏土、淤泥质土层中，黏性土渗透性微弱，渗透系数处于 10^{-7} cm/s 级，富水性及透水性均较差，水量贫乏。整个勘察期间潜水位埋深为 $0.0\sim1.0$ m，潜水位相应标高为 $1.00\sim2.00$ m。

2.2.2　取样方案

课题基于不同取样方法和不同薄壁取土直径两个对比试验，拟采用岩芯管包样、厚壁取土器及不同直径的敞口薄壁取土器对场地上部淤泥、淤泥质土进行现场钻探取样。

为保证土样数量满足课题分析需要，按照取样方式和薄壁取土器直径的不同，共布置计 4 个钻探孔进行现场取样。钻孔间距 5 m，取样间距 0.5 m、1.0 m，取样方法、数量及相关要求见表 2-4，取样孔布置及取样深度见图 2-2。不同类型取土器取样现场见图 2-3 至图 2-5。

表 2-4　取样方法及数量要求

编号	取样方法	取样管尺寸 （D×L mm）	设计孔深（m）	取样数量（个）	土体类型	备注
YY1	岩芯管包样	108×300	25	21	软土（淤泥、淤泥质土）	取样孔间距5m，各取样孔取样深度保持一致
HY1	厚壁取土器		25	21		
BY1	薄壁取土器	75×500	25	21		
BY2	薄壁取土器	100×300	25	21		

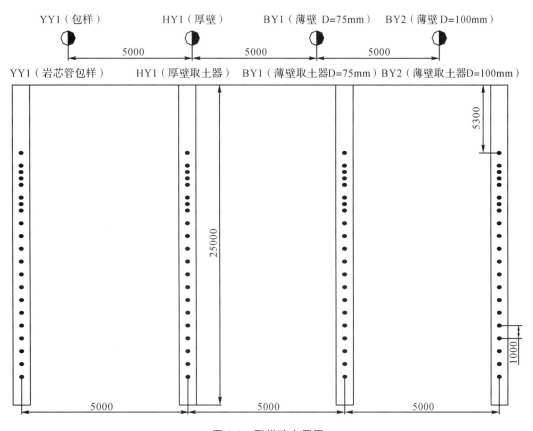

图 2-2　取样孔布置图

图 2-3　厚壁取土器取样

图 2-4　岩芯管包样

图 2-5　敞口薄壁取土器取样

2.2.3　土样的封装及运输

采取原状土样后尽快贴上标签、蜡封,防止湿度变化,放置阴凉干燥处,严防暴晒。运至试验室途中土样采用防震箱或泡沫等防震减震措施,车辆小心驾驶,防止原状土样在运输过程中受到振动扰动。土样在搬上车、下车及搬入试验室时,要小心轻放,不能重摔。部分样品封装及运输见图 2-6。对薄壁取土器,采用取样管内涂抹凡士林的方法,以减少推土过程中的阻力造成的土样扰动,见图 2-7。

图 2-6　薄壁样的保存及运输

图 2-7　涂抹凡士林及封样

2.3　室内试验方案设计

2.3.1　试验项目及数量

对采用不同取样方法获得的软土土样,分别采用常规、剪切(固结快剪、三轴 CU)、无侧限抗压等室内试验,具体试验项目及试验数量见表 2-5。

表 2-5　各取样方法及不同薄壁取土器直径下试验项目及数量

试验项目	常规	直剪固结快剪	三轴 CU	无侧限抗压强度
试验数量	21	21	6	6

2.3.2　薄壁开样和环刀试样制作

薄壁土样推出方向应与取土时土样进入取土管方向一致,且连续匀速退出,防止土试样制备对土样的人工扰动,试样制备选择土样中心位置土体。薄壁样推土及部分试样制作见图2-8、2-9。

图2-8　薄壁样推土

图2-9　试样的制作

2.3.3　室内物理力学性质指标试验

室内试验主要包括含水率、密度、界限含水率、固结、直剪固结快剪、三轴固结快剪、无侧限抗压强度试验等。

含水率试验采用烘干法;密度试验使用环刀法;界限含水率试验采用液、塑限联合测定法;固结试验借助固结容器、加压设备和变形量测设备,采用快速法进行;直剪固结快剪试验采用应变式电动手摇直剪仪;三轴固结快剪试验采用全自动应变控制式三轴仪;无侧限抗压强度试验采用应变控制式三轴剪力仪。

2.4　不同取样方法下软土物理力学性质指标对比分析

本次对比试验,以包样(108 mm×300 mm)、厚壁样(108 mm×300 mm)、薄壁样(100 mm×300 mm)为实验组,开展不同取样方法下的室内对比试验,依据测试成果分别对土体物理力学性质指标进行对比分析。

三种取样方法得到的软土物理力学性质综合对比分析见表 2-6、2-7。

表 2-6　不同取样方法下软土物理性质指标综合对比表

项目	取样方式			提高幅度(%)		
	包样	厚壁	薄壁	(包样－薄壁)/薄壁	(厚壁－薄壁)/薄壁	(包样－厚壁)/厚壁
含水量(%)	49.3	50.1	54.9	－10.2	－8.7	－1.6
密度(g/cm³)	1.75	1.75	1.70	2.9	2.9	0
孔隙比	1.36	1.34	1.49	－8.7	－10.1	1.5

表 2-7　不同取样方法下软土力学性质指标综合对比表

指标名称		取样方法			提高幅度(%)		
		包样	厚壁	薄壁	(包样－薄壁)/薄壁	(厚壁－薄壁)/薄壁	(包样－厚壁)/厚壁
压缩模量(MPa)		2.2	2.0	1.7	29.4	17.6	10
固结快剪	黏聚力(kPa)	6.9	6.3	4.1	68.3	53.7	9.5
	内摩擦角(°)	14.3	14.0	13.1	9.2	6.9	2.1
三轴CU	黏聚力(kPa)	6.7	9.3	9.7	－30.9	－4.1	－30
	内摩擦角(°)	14.8	12.3	12.4	19.4	－0.8	20.3
无侧限抗压强度(qu)		34.4	21.2	16.8	97.9	26.2	62.3

如表 2-6 所示,软土的含水量、孔隙比及密度均受取样方式的影响:对含水量和孔隙比影响较大,包样和厚壁样得到的土样含水量和孔隙比均低于薄壁样 8%～10%;对软土密度试验结果影响稍小,包样和厚壁样均高于薄壁样 3%左右;采用包样和厚壁样得到的土样含水量、密度、孔隙比数值大小基本一致,无显著差异。

表 2-7 力学指标对比显示,除三轴 CU 抗剪强度指标外,软土的力学性质指标(压缩模量、直剪抗剪强度、无侧限抗压强度)受取样方式的影响较大。包样和厚壁样的强度指标相对于薄壁样均有不同程度的提高,且部分指标提高幅度较大(如无侧限抗压强度提高幅度达到 90%以上),试验项目统计指标表明,提高幅度范围为 6.9%～97.9%;包样的力学性质指标大于厚壁样,不同指标提高幅度范围为 2.1%～62.3%。

不同取样方式下室内试样获得的软土的物理力学性质指标分析表明:相对于薄壁样,包样和厚壁样的孔隙比和含水量有所降低,密度有小幅度增大;力学性质性状得到改善,部分指标改善程度较大;在力学性状上包样力学指标提高幅度最大。

2.5 不同取样直径下软土物理力学性质指标对比分析

以两种不同直径(D=75 mm,100 mm)的薄壁取土器,对不同取样直径下软土物理力学性质指标开展对比试验分析。

不同土样直径下软土物理力学性质综合对比分析见表 2-8、2-9。

表 2-8 不同试样尺寸下软土物理性质指标综合对比表

项目	薄壁取样盒		提高幅度(%)
	75 mm×500 mm	100 mm×300 mm	
含水量(%)	50	54.9	−8.9
密度(g/cm³)	1.74	1.70	2.4
孔隙比	1.37	1.45	−5.5

表 2-9 不同试样尺寸下软土力学性质指标综合对比表

指标名称		试验成果		提高幅度(%)
		75 mm×500 mm	100 mm×300 mm	$(D_{(75)}-D_{(100)})/D_{(100)}$
压缩模量(MPa)		2.0	1.8	11.1
固结快剪	黏聚力(kPa)	7.1	7.3	−2.7
	内摩擦角(°)	15.1	13.6	11.0
三轴 CU	黏聚力(kPa)	13.0	12.2	6.6
	内摩擦角(°)	12.6	10.4	21.2

如表 2-8 所示,软土的含水量、密度和孔隙比均受土样的直径影响,室内试验成果分析表明,取样管 D=75 mm 土样含水量和孔隙比比 D=100 mm 土样分别降低 8.9%、5.5%,而密度则提高了 2.4%。

采用不同直径取土管得到的软土土样的力学性质指标(压缩模量、抗剪强度),如表 2-9,对比显示:直径 D=75 mm 下软土的力学性质相对于 D=100 mm 土样除黏聚力外均有不同程度的提高,提高幅度为 6.6%~21.2%。

对不同直径下薄壁土样室内试样获得的物理力学性质指标综合分析表明:试样直径越小,其含水量和孔隙比越小;密度、压缩模量及抗剪强度指标通常会有一定程度的提高。

2.6　饱和软土物理力学指标差异性分析

饱和软土结构、稠度特征、不同取样方法下 e-log^p 土样关系曲线及其对应的剪切关系-剪应力关系曲线和土体含水量、孔隙比、密度对比曲线综合分析表明:饱和软土在外部荷载作用下易发生固结压缩变形而不易发生破裂,土体得到压密,因此饱和软土在取样过程中受到外部荷载的作用时,土样产生固结变形,导致含水量、孔隙比降低,密度增大。对于固定体积的室内环刀试样,由于饱和土体内孔隙水的排出,孔隙比降低,土颗粒数量增多,颗粒之间的接触面增大,最终土体力学性状有所提高,即土样孔隙比越小、含水量越低,土颗粒所占比例越大,其密度和力学性状指标越大。由于不同取样方法对土样产生的固结程度不同,最终导致土样的物理力学性质指标产生一定的差异。土样受到外部荷载越大,土样固结变形越大,含水量和孔隙比越低、密度越大,力学性质指标增大越明显。

结合不同取样方法下指标差异性综合分析成果:岩芯管包样和厚壁取土器取样受到外部荷载影响程度较大,获得的土体含水量、孔隙比相对较小,密度相对较大,力学性质指标偏大;大直径敞口薄壁取土器(D＝100 mm)取样时受外部荷载影响较小,固结变形相对较小,相对于其他两种方法和小直径敞口薄壁取土器而言,获得的饱和土样最接近于原状土的物理力学性状。

2.7　不同取样方法下饱和软土扰动程度分析

土体参数产生差异性主要受土质的不均匀性、土样受扰动程度的不一致性、测试误差及指标处理方法等四个方面的影响。由于本次试验采用以取样方法不同的对比试验,即取样孔布置在同一场地(孔距 5 m),同一深度土质性状一致,测试仪器和人员均固定,处理方法均严格按照试验方案进行,因此可以将不同取样方法下土样物理力学性质指标产生差异的原因归结于土样受到的扰动程度不一致。

2.7.1　扰动程度评价分析方法

土样的取样过程及取样后对土样的移动、密封、运输和存放过程等均会对土样产生一定程度的扰动。取样过程中引起扰动的原因主要有两个:一是卸荷作用,即土样由原位取到地上由于应力释放而引起的总应力和孔隙水压力的一系列变化;二是机械扰动作用,包括取土器的压入及切样扰动。

对土样扰动程度的评价必须结合土性选用对扰动敏感且易于量化的指标来评价土样的质量。根据所选指标的不同,取土质量的评价方法可分为:残余孔隙水压力法、不排水模量对比法、破坏应变法、体积压缩法、压缩曲线特征法等。

2.7.2 扰动程度综合分析

参照破坏应变法和附加体积应变法两种评价标准,破坏应变法和附加体积应变法计算得到的土样扰动程度对比分析见表2-10。

表 2-10 土样扰动程度对比分析表

取样方法		岩芯管包样	厚壁取土器	薄壁取土器(D＝100 mm)
扰动程度	破坏应变法	严重接近很大	严重接近很大	很大接近中等
	附加体积应变法	很大	很大	很大接近中等
结合现场观察综合分析		很大～严重		中等～很大

对两种扰动分析方法结果对比分析表明,两种评价方法得到的软土扰动程度基本一致。结合现场外观检查分析,目前宁波软土地区普遍采用的三种取样方式(包样、厚壁、薄壁)对土样均有一定的扰动,扰动评价结果为中等扰动及以上。采用薄壁取土器获得的土样的扰动程度稍好于岩芯管包样和厚壁取土器取样,即扰动程度稍小,综合扰动程度评价为中等～很大;岩芯管取样和厚壁取土器取样对土体的扰动评价指标基本一致,为很大～严重;相对而言,薄壁取土器获得的土样质量比厚壁和包样取土器获得的土样质量整体上提高一个等级。

2.8 本章小结

2.8.1 结论

(1)对不同取样方式下软土的物理力学性质指标分析表明:相对于薄壁样,岩芯管包样和厚壁样的孔隙比和含水量有所降低,密度有小幅度增大;力学性质指标有所增大,部分指标增长程度较大,提高幅度范围为 6.9%～97.9%。包样的力学性质指标大于厚壁样,不同指标增长幅度范围为 2.1%～62.3%。

(2)对不同直径下薄壁土样的物理力学性质指标分析表明:土样直径越小,其含水量和孔隙比越小,密度、压缩模量及抗剪强度指标越大。

(3)软土在外部荷载作用下易发生固结压缩变形,土体得到压密。土样受到外部附加影响因素越多,土样固结变形越大,含水量、孔隙比越低,密度越大,力学性质指标增大越明显;相对于其他两种方法和小直径敞口薄壁取土器而言,大直径(D＝100 mm)敞口薄壁取土器获得的饱和土样最接近于原状土的物理力学性状。

(4)总体上,目前宁波软土地区普遍采用的三种取样方式(包样、厚壁、薄壁)对土样的扰动均较大,扰动评价结果为中等扰动及以上;但采用薄壁取土器获得的土样的扰动程度稍好于岩芯管包样和厚壁取土器取样,即扰动程度稍小,综合扰动程度评价为中等～很大;岩芯管包样和厚壁取土器取样对土体的扰动评价指标基本一致,为很大～严重。薄壁取土器获得的土样质量比厚壁和包样取土器获得的土样质量整体上提高一个等级。

2.8.2 建议

（1）软土为完全饱和状态，为固、液两相体，不同取样方法下含水量及孔隙比的不同是土样物理力学性质指标产生差异的本质原因。在取样、封样、运输、存储及制样过程中应尽量减少外界干扰，避免软土土样受到外部荷载作用发生固结变形。

（2）结合目前工程勘察实践，建议采用大直径敞口薄壁取土器，获得的土体物理力学指标相对而言更具有可靠性。

（3）孔隙水的变化对具有较高强度的软土物理力学性质指标的影响及其机理下一步应开展相关研究分析。

（4）下一步应开展土样微观结构研究，结合室内试验，从土样内部固、液体结构微观变化分析不同扰动程度下土样的结构变化特征。

第3章 饱和软土抗剪强度特性室内试验研究

3.1 概述

在工程勘察中,抗剪强度是通常都要求提供的参数,是土的重要力学性质之一,是岩土工程设计时所需要的一个重要参数,主要应用于工程土坡稳定、地基承载力、土压力等相关计算之中,直接关系到工程造价、安全性等众多问题。然而土具有弹塑性的特征,且其种类众多、成因各异,特性千差万别。同时,土的抗剪强度不仅取决于土的种类,而且在更大程度上取决于土密度、含水率、初始应力状态、应力历史和试验中的排水条件等因素。即使同一试样也因试验方法的试验条件不同而出现较大出入,有专家指出这种差异远比力学计算所引起的差别大,因此准确测定土的强度指标极其困难。目前受各种条件的限制,室内试验大多数情况下仍然以直接快剪试验为主,在工程设计中应用也较为广泛。在直接快剪试验中除了不可避免的排水、应力不明确、固定剪切面等仪器本身局限之外,影响试验结果的因素主要是垂直荷重和剪切速率。对于剪切速率试验规程有明确规定,许多专家做过大量研究,观点不一。对于垂直荷重试验规程只是要求根据设计荷载及土的实际情况而定,因此有一定的不确定性。大量试验表明,垂直荷重对土体抗剪强度的影响更大。

已有研究表明,在 0~100 kPa 应力范围内,土体强度包络线非线性,100~400 kPa 应力范围内,土体的强度包线可视为直线。对于正常固结土或者应力不高的土体,用直线对剪切试验数据的拟合也是一种近似,但参数少,物理意义明确且容易测得,误差不大,广泛应用于生产实践中。目前测定土的抗剪强度的室内试验方法有直剪试验和三轴压缩试验。通常状态下 0~400 kPa 竖向压力能够满足一般工程土体的应力状态,并且可用直线型摩尔-库伦强度准则。因此规范通常建议直剪试验对于较硬的土采用 100 kPa、200 kPa、300 kPa、400 kPa 的竖向应力,对于较软的土采用 50 kPa、100 kPa、200 kPa、300 kPa 的竖向压力。近年来随着软土地区深大基坑、沉井、管廊等大型地下建筑、设施的建设,其潜在破坏面上的主应力可达到或超过 600 kPa,但是高应力状态下土体的抗剪强度研究不多,尤其是软土研究较少,因此有必要研究高应力状态下软土的抗剪强度特性。

3.2　方案设计

（1）场地岩土工程条件

本试验场地位于滨海淤积和冲湖积平原，地面高程 1.80～2.00 m。场地第四纪地基土划分为 9 个工程地质层组，取样深度内地下水类型为孔隙潜水，主要赋存于场地表部黏土、淤泥质土层中。

（2）取样方案

拟采用敞口薄壁取土器对场地上部不同深度软土（淤泥、淤泥质黏土、淤泥质粉质黏土）开展现场钻探取样。

课题布置 1 个钻探孔（RDY1）进行现场取样，为满足室内试验分析的需要，部分土样采用邻近 BY2 钻孔土样，两钻孔间距 5.0 m，取样间距为 0.5 m、1.0 m，钻孔布置见图 3-1，取样方法、数量及相关要求见表 3-1。

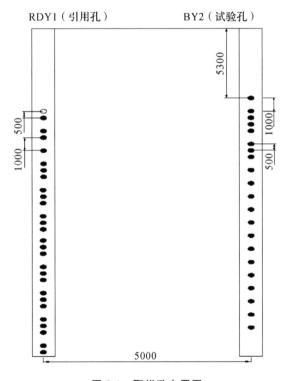

图 3-1　取样孔布置图

表 3-1　取样方法及数量要求

编号	取样方法	取样管尺寸 (D×L mm)	设计孔深(m)	取样数量(个)	土体类型	备注
RDY1	薄壁取土器	100×300	25	34	饱和软土	取样间距 0.5 m、1.0 m
BY2	薄壁取土器	100×300	40	21(引用8个)	饱和软土	取样间距 0.5 m、1.0 m；引用样深度与 RDY1 取样深度一一对应

（3）试验项目及数量

课题主要采用常规(含水率、密度标准固结等)、直剪(固结快剪、快剪)等室内试验对饱和软土(原状、重塑)的物理力学性质指标和抗剪强度指标进行试验分析,具体试验项目及数量见表 3-2。

表 3-2　试验项目及其数量

试验项目	常规	直剪固结快剪	快剪	重塑土标准固结
试验数量(次)	332	18	14	9

注:室内常规试验主要包括含水率、密度、界限含水率、固结试验等。

（4）常规试验成果及分析

参与室内试验的部分土样室内常规试验物理性质指标见表 3-3。

表 3-3　物理力学性质指标表

编号	中点深度(m)	名称	密度 (g/cm³)	含水量 (%)	孔隙比	液限 (%)	饱和度 (%)	塑性指数	液性指数
7	9.2～9.5	淤泥	1.7	57.3	1.545	44.8	100	21.6	1.58
8	9.7～10.0	淤泥	1.68	58.1	1.588	44.5	100	21.2	1.64
9	10.7～11.0	淤泥质黏土	1.74	51	1.378	41.1	100	19.3	1.51
14	13.7～14.0	淤泥质黏土	1.79	49.5	1.288	37.3	100	17.3	1.71
15	14.7～15.0	淤泥质黏土	1.77	47.3	1.28	39	100	17.8	1.47
16	15.2～15.5	淤泥质黏土	1.71	46.5	1.347	38.4	95	17.4	1.47
17	15.7～16.0	淤泥质黏土	1.77	47.9	1.29	38.4	100	18.6	1.51
18	16.7～17.0	淤泥质黏土	1.79	43.9	1.203	40.7	100	19.7	1.16
20	17.7～18.0	淤泥质黏土	1.78	44.9	1.23	39.4	100	17.4	1.32
21	18.7～19.0	淤泥质黏土	1.8	43.5	1.184	37.4	100	17.3	1.35
22	19.2～19.5	淤泥质黏土	1.78	43.2	1.204	38.3	98	18	1.27
23	19.7～20.0	淤泥质粉质黏土	1.81	42.7	1.152	35.4	100	16.3	1.45
24	20.7～21.0	淤泥质粉质黏土	1.83	39	1.074	34.3	99	16.2	1.29
26	21.7～22.0	淤泥质粉质黏土	1.84	37.2	1.036	34.3	98	16.4	1.18
28	23.2～23.5	淤泥质粉质黏土	1.87	37.5	1.007	33.4	100	14.5	1.28

编号	中点深度（m）	名称	密度（g/cm³）	含水量（%）	孔隙比	液限（%）	饱和度（%）	塑性指数	液性指数
30	24.7～25.0	淤泥质黏土	1.79	43	1.189	40.6	99	18.1	1.13
31	25.2～25.5	淤泥质黏土	1.77	45	1.245	43.3	99	18.6	1.09
33	26.7～27.0	淤泥质黏土	1.79	43.6	1.198	43.3	100	19.3	1.02
34	27.2～27.5	黏土	1.79	43.8	1.201	43.9	100	19.3	0.99

饱和软土室内常规试验数据表明：各试样含水量基本大于液限，统计含水量均值为 45.5%，液限均值 39.4%；孔隙比均大于 1，统计均值 1.24；饱和度为 95%～100%，统计均值 99.4%。常规试验结果表明，试验深度范围内土体为完全饱和软土。

3.3　不同预压荷重下饱和软土抗剪强度特性研究

3.3.1　室内试验方案设计

饱和软土室内固结快剪试验规范做法为：环刀试样一般在 50 kPa、100 kPa、200 kPa、300 kPa 下充分预压固结后，对不同固结荷重下得到的 4 个环刀试样分别在与预压固结荷重相对应的垂直荷重下开展直接剪切试验，得到 4 种垂直荷重作用下的剪切位移-剪应力关系曲线，最后按照库伦抗剪强度理论把抗剪强度曲线按最小二乘法拟合成一条直线，从而得到土样的抗剪强度指标：黏聚力和内摩擦角。但在实际岩土工程中，当土体没有受到外部附加荷载，或外部荷载对土体应力环境影响较小，土体结构及应力应变状态依然保持其初始状态。当室内预压固结过程中采用的预压荷重大于或远大于其自重压力时，在附加荷载的预压固结过程中，软土得到压密，发生附加固结变形，其抗剪强度指标必然发生变化，因此应针对岩土工程中土体的实际应力状态，设置与之相对应的试验条件，以期获取岩土工程设计、施工所需的抗剪强度指标。

根据实际工况及土体应力状态，分析不同预压固结荷重下饱和软土的抗剪强度指标取值的差异性，对两组（每组 4 个土样）饱和软土土样（RDY、BY 试样同一深度，土样物理力学性质完全一致）开展室内对比试验，预压固结荷重分别取自重荷重（125 kPa）和 50 kPa、100 kPa、200 kPa、300 kPa。充分预压固结后，均在垂直荷重 50 kPa、100 kPa、200 kPa、300 kPa 下开展直接剪切试验，具体试验方案见表 3-4。

表 3-4　不同预压荷重下饱和软土抗剪强度室内试验方案表

组号	样号	深度(m)	自重(kPa)	预压固结	剪切
				预压荷重(kPa)	垂直荷重(kPa)
1	RDY17	15.8	约125	125	50、100、200、300
	RDY18	16.8			
	RDY20	17.8			
	RDY21	18.8			
2	BY14	15.8		50、100、200、300	
	BY15	16.8			
	BY16	17.4			
	BY17	18.8			

3.3.2　试验结果分析

(1)不同预压固结荷重作用下抗剪强度关系分析

图 3-2 分别给出了两种不同预压荷重固结处理后土样的剪切位移-剪应力关系曲线。曲线表明:采用与土样自重压力一致的荷重固结处理的第 1 组土样(RDY17、18、20、21),当垂直荷重小于其预压固结荷重(自重压力)时,四个土样的抗剪强度特性基本保持一致,呈现应变软化现象。

当垂直荷重大于预压固结荷重(自重压力)时,即当垂直荷重为 200 kPa、300 kPa 时,剪切过程中,在较大的垂直压力作用下,软土的结构易发生挤出破坏,见图 3-3,导致发生图 3-2 中 RDY18 土样在 300 kPa 时抗剪强度显著降低的现象。

在垂直荷重大于固结预压荷重(自重压力)引发试样结构遭到破坏的同时,饱和软土的渗透性得到加强,在剪切过程中其内部孔隙水更易排出,见图 3-4,导致试样内有效应力迅速增大,从而弥补了软土结构破坏产生的强度损失,出现如土样 RDY20、21 所示,在垂直荷重为 200 kPa、300 kPa 时呈现应变硬化现象。

对于第 2 组土样,即预压固结荷重与垂直荷重保持一一对应,在剪切过程中不会出现由于垂直荷重过大而导致其结构发生破坏的现象,由此图 3-2 中,BY14～17 四个土样的剪切位移-剪应力关系曲线的变化趋势基本保持一致。且当预压固结荷重小于土体自重压力时,土样剪切位移-剪应力关系曲线表现出应变软化;当预压固结荷重大于其自重压力时,呈现应变硬化现象,对于同一剪切位移,随着垂直荷重的增加,剪应力也相应增大。

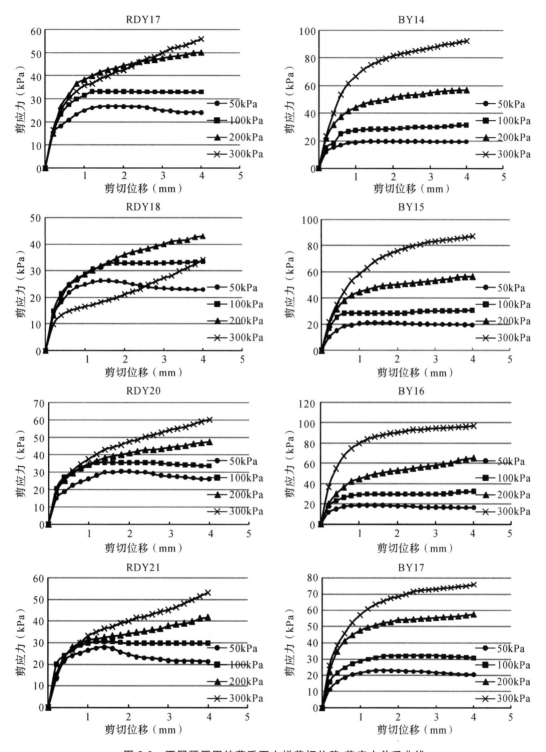

图 3-2　不同预压固结荷重下土样剪切位移-剪应力关系曲线

图 3-3　试样剪切破坏

图 3-4　试样剪切排水

（2）相同垂直荷重下抗剪强度关系对比分析

以 RDY17、BY14 和 RDY20、BY16 两组物理力学性质一致的土样为代表，采用不同预压固结荷重处理后，同一垂直荷重作用下各土样剪切位移-剪应力对比关系曲线见图 3-5。可以看出，对于性质完全一致的两个土样，在保持剪切位移相等时，预压固结荷重越大，土样剪应力也越大，即在相等的垂直荷重下，土样的抗剪强度与预压固结压力呈正向相关。

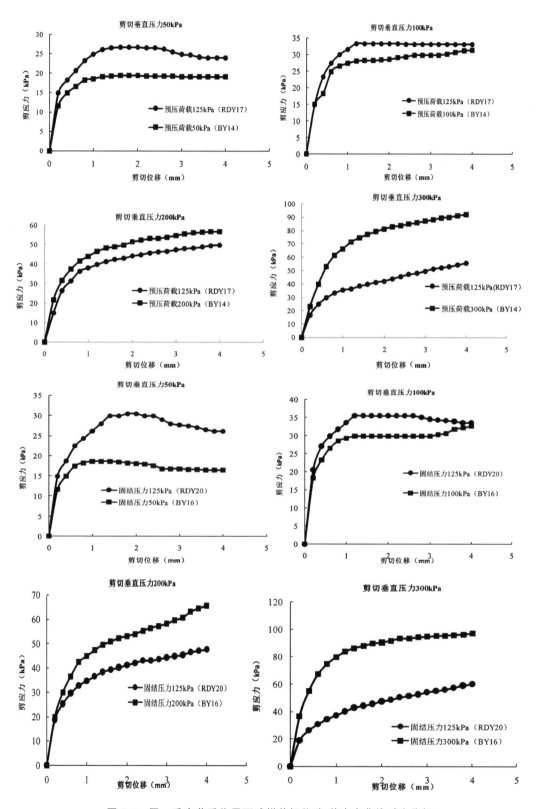

图 3-5   同一垂直荷重作用下试样剪切位移-剪应力曲线对比分析

由图 3-5 综合分析,在饱和软土结构没有发生破坏的情况下,采用室内固结快剪试验得到饱和软土的抗剪强度特性与预压固结荷重密切相关。在同一垂直荷重作用下,当剪切位移相等时,预压固结荷重越大,其剪应力也越大;但当剪切垂直荷重显著大于预压荷载时,剪切过程中饱和软土易产生结构破坏。

(3)饱和软土抗剪强度指标分析

图 3-6 给出了采用 125 kPa(自重压力)和 50 kPa、100 kPa、200 kPa、300 kPa 预压荷重固结处理后的 2 组饱和软土抗剪强度-垂直荷载关系曲线。图 3-6 显示,2 组土样的抗剪强度与垂直荷重关系曲线具有相似的变化规律:即在相同的垂直荷重作用下,采用自重荷重预压固结预处理后土样抗剪强度曲线斜率(即内摩擦角)均小于采用 50 kPa、100 kPa、200 kPa、300 kPa 预压固结处理的土样,但其黏聚力取值大于后者。

从图 3-6 还可以看出,当垂直荷重小于土样自重压力(125 kPa)时,自重预压固结处理的第 1 组试样的整体抗剪强度均大于第 2 组;而当剪切垂直荷重大于土样自重压力时,第 2 组土样的抗剪强度却均大于第 1 组。

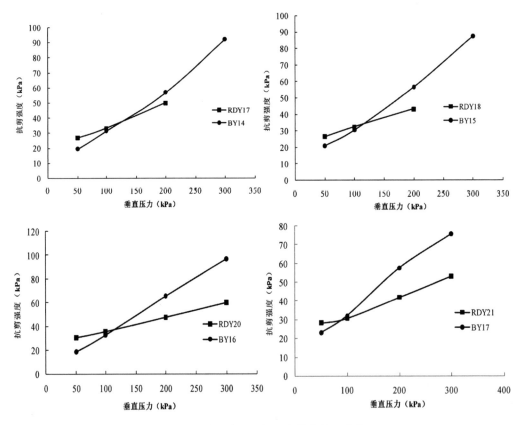

图 3-6 试样抗剪强度与垂直荷载关系曲线

按库伦抗剪强度理论,对不同的预压荷载处理后的 2 组土样的垂直荷载-抗剪强度曲线拟合分析后,得到饱和软土抗剪强度指标 C、φ 值见表 3-5、图 3-7。

表 3-5　土样抗剪强度指标取值

序号	名称	抗剪强度指标		序号	名称	抗剪强度指标	
		黏聚力 C(kPa)	内摩擦角 φ(°)			黏聚力 C(kPa)	内摩擦角 φ(°)
RDY17	淤泥质黏土	18.5	8.9	BY14	淤泥质黏土	3.0	16.1
RDY18		21	6.4	BY15		5.3	15.0
RDY20		24.0	6.8	BY16		2.1	17.5
RDY21		21.7	5.9	BY17		11.9	12.2
均值		21.3	7	均值		5.6	15.2

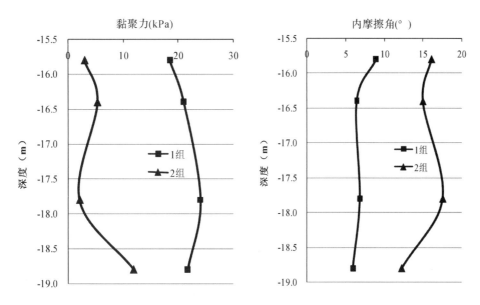

图 3-7　饱和软土抗剪强度指标取值对比曲线

不同预压固结荷重作用下,饱和软土固结快剪试验结果表明:对同一土体,自重压力固结预压作用下得到的黏聚力均值 21.3 kPa,与规范法均值 5.6 kPa 之比为 3.8,有大幅度提高;内摩擦角均值 7°,与规范法均值 15.2°之比为 0.5,降低显著。出现这种变化主要与饱和软土预压固结荷重有关,对于第 2 组试样,当采用的预压固结荷重(300 kPa)远大于土体自重压力(125 kPa)时,饱和软土结构出现破坏,由胶结作用产生的固化黏聚力急剧减小,由此得到的黏聚力仅为自重固结预压时的 26% 左右;同时由于在较大的预压固结荷载作用下,饱和软土产生较大固结变形,土体得到压密,颗粒之间的咬合作用得到加强,土的内摩擦角增大,最终试验测得其内摩擦角为自重压力固结预压下的 2 倍左右。

3.4 高应力作用下饱和软土抗剪强度特性研究

3.4.1 试验方案设计

为研究饱和软土在外部较大附加荷载作用下的抗剪强度特性,以淤泥质粉质黏土为对象,采用固结快剪试验进行室内试验分析,选取土样6个,土样深度21.7~27.5 m,平均自重压力200 kPa。同一土样,各环刀试样固结预压荷重分别取50、100、200、300、400、600 kPa,剪切垂直荷重与之一一对应,具体试验方案及数量见表3-6。

表 3-6 试验方案表

序号	取样深度(m)	自重压力(kPa)	预压固结、垂直荷重(kPa)
RDY26	21.7~22.0		
RDY28	23.2~23.5		
RDY30	24.7~25.0	约200	50、100、200、300、400、600
RDY31	25.2~25.5		
RDY33	26.7~27.0		
RDY34	27.2~27.5		

3.4.2 试验结果分析

(1)剪应力与剪切位移关系分析

图 3-8 给出了各土样固结快剪得到的剪切位移与剪应力关系曲线。从图可以看出,试样的抗剪强度与垂直荷重具有明显的内在关系:随着垂直荷重的增加,试样的剪应力逐渐增大,由应变软化逐渐过渡到应变硬化。在剪切位移相等的情况下,对于50%的土样,当垂直荷重从200 kPa增加到300 kPa时,试样的剪应力增加显著,明显大于其他同增量下剪应力的增大值,这表明试样剪切位移与抗剪强度之间存在一个界限垂直荷重,超过该荷重后,试样的抗剪强度将显著提高。

结合图 3-8 及表 3-6 综合分析表明,饱和软土抗剪强度界限垂直荷重是其自重压力,在采用稍大于自重压力的预压固结荷重对环刀试样固结处理后,试样得到充分沉降固结,其结构得到显著改善,抗剪强度得到较大幅度的提高。

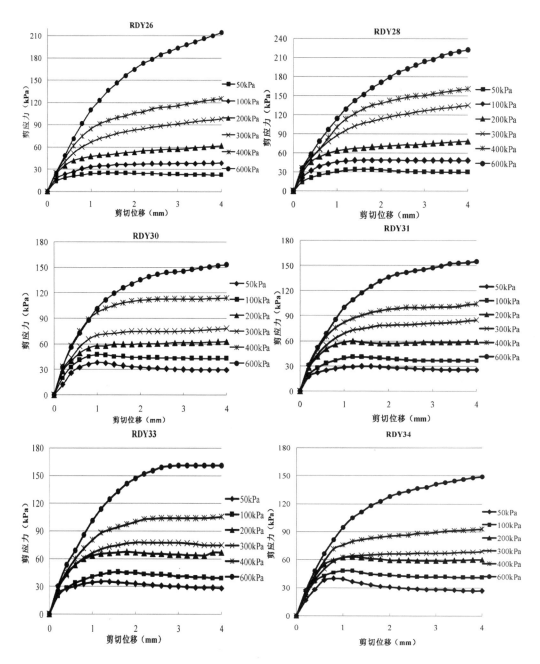

图 3-8　固结快剪试验饱和试样剪切位移-剪应力关系曲线

（2）饱和软土抗剪强度包线分析

图 3-9 给出了部分土样垂直压力-抗剪强度关系包线。从图可以看出,随着垂直荷重的增大,饱和软土抗剪强度总体上呈增大趋势,但整体范围内抗剪强度包线呈折线型,在垂直荷重与自重压力相等处有明显的转折点（P＝200 kPa）,饱和软土抗剪强度与垂直压力并非完全符合线性关系;但在不同垂直压力阶段,其变化趋势具有显著的阶段性,即可分为垂直压力小于土样自重压力和垂直压力大于土样自重压力两个阶段。在这两个不同

的压力阶段,试样垂直压力与抗剪强度均具有良好的线性关系。

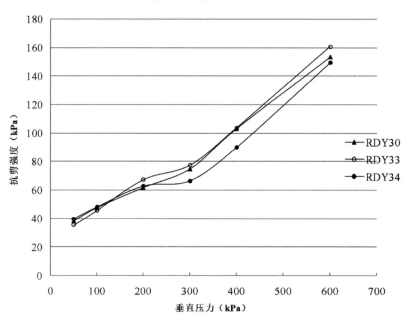

图 3-9　抗剪强度与垂直压力的关系曲线(抗剪强度包线)

　　根据不同垂直压力范围内(以自重压力 200 kPa 为界限)饱和软土抗剪强度与垂直压力关系曲线特点,按照库伦抗剪强度理论,采用最小二乘法拟合线性关系曲线见图 3-10 至图 3-12。从图可以看出,以饱和土样自重压力为界限压力,分段拟合得到的土样抗剪强度关系曲线为直线,其拟合 R 值均大于 0.99,接近于 1,符合库伦抗剪强度理论。

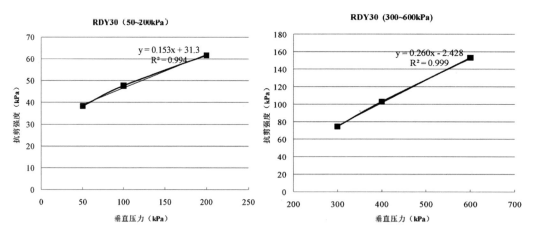

图 3-10　饱和软土 RDY30 抗剪强度-垂直压力的关系曲线

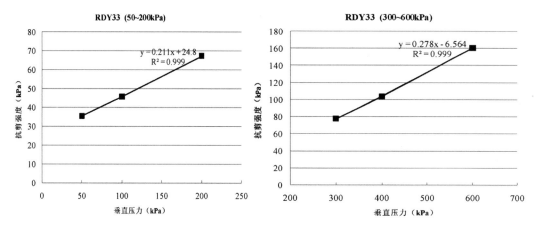

图 3-11　饱和软土 RDY33 抗剪强度-垂直压力的关系曲线

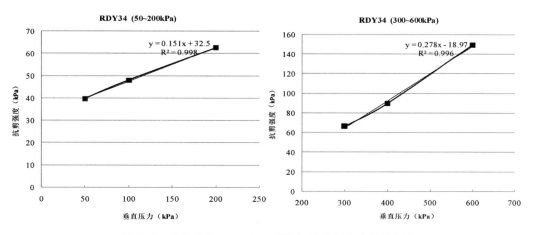

图 3-12　饱和软土 RDY34 抗剪强度-垂直压力的关系曲线

综合室内试验得到的饱和软土垂直压力-抗剪强度关系曲线分析,对于高应力作用下饱和软土抗剪强度指标的取值应结合岩土工程实际受荷条件及其自重压力大小关系,分段取值,以获得的抗剪强度参数与实际工况最为接近,保证指标取值的可靠性。

(3)饱和软土抗剪强度指标分析

根据高应力下饱和软土抗剪强度包络线线型特征,以其界限压力为分界点,表 3-7 给出了不同垂直荷重、整体荷重范围内各土样抗剪强度指标取值:采用 50、100、200 kPa,300、400、600 kPa,50、100、200、300、400、600 kPa 三种垂直压力段得到的黏聚力均值分别为 29.8 kPa、−9.3 kPa、22.8 kPa;内摩擦角分别为 9.6°、15.2°、11.6°。

表 3-7 试验结果显示,对于同一土样,在小于界限荷重范围内得到的黏聚力均大于界限荷重以上高应力作用范围得到的指标数值,而内摩擦角则相反,对于整体荷重范围内的指标取值位于二者之间。

表 3-7　不同垂直压力段软土抗剪强度指标取值表

序号	抗剪强度指标					
	50、100、200 kPa		300、400、600 kPa		50、100～600 kPa	
	黏聚力(kPa)	内摩擦角(°)	黏聚力(kPa)	内摩擦角(°)	黏聚力(kPa)	内摩擦角(°)
RDY30	32.2	8.2	−2.4	14.6	23.1	11.6
RDY33	24.8	12.0	−6.6	15.5	21.0	12.4
RDY34	32.5	8.6	−19.0	15.6	24.3	10.7
均值	29.8	9.6	−9.3	15.2	22.8	11.6

结合表 3-7 中 50、100、200 kPa 和 300、400、600 kPa 两种垂直荷重压力段下软土抗剪强度指标具体取值分析：不同垂直压力范围下饱和软土的黏聚力、内摩擦角变化规律性显著，即荷重越小，饱和软土黏聚力指标越大，而内摩擦角则与之相反。但当荷重大于自重压力时，即在 300、400、600 kPa 荷载段，土样黏聚力的均值−9.3 kPa，小于 0，显然在此压力区间段，饱和土样的结构遭到破坏，导致黏聚力丧失。当采用的预压固结荷重(300、400、600 kPa)远大于土体自重压力(200 kPa)时，在大应力作用下饱和软土结构出现破坏的同时，由胶结作用产生的固化黏聚力急剧减小；同时由于在较大的预压固结荷载作用下，饱和软土产生较大固结变形，土体得到压密，颗粒之间的咬合作用得到加强，土的内摩擦角增大，最终试验测得其内摩擦角较 50、100、200 kPa 作用下增大，其均值之比为 1.6。

由于细粒土的黏聚力主要由土颗粒的库仑力、范德华力和胶结作用各种物理力学作用，而内摩擦角是由于矿物接触面粗糙不平引起的，在高应力预压固结荷重充分固结后，饱和软土试样产生较大的固结变形，土颗粒距离更近，单位面积上土粒的接触面积越大，则黏聚力和内摩擦角都应得到相应提高。而表 3-7 显示，在 300、400、600 kPa 荷重范围内，虽然土体内摩擦角得到显著提高，但黏聚力却大大降低，采用库仑抗剪强度理论拟合得到的数值为负值。饱和软土作为弹塑性体，由于土颗粒之间分子力的相互作用，其黏聚力不会出现为负值的情况，因高应力作用下，饱和软土原有结构的改变，采用库仑抗剪强度理论对饱和软土抗剪强度指标进行取值分析尚待进一步探讨。

鉴于目前土力学相关理论、公式及计算分析模型大多是建立在库仑抗剪强度理论基础之上，因此，当土体实际承受的荷载大于其自重应力时，饱和软土抗剪强度指标的取值应结合整个预压荷重作用范围按照库仑抗剪强度理论进行拟合后取值，重新拟合后得到的饱和软土抗剪强度指标综合取值如表 3-7 所示，分别为黏聚力 22.8 kPa，内摩擦角 11.6°，综合取值位于两垂直压力段取值区间。

(4)饱和软土抗剪强度计算分析

由图 3-9 中抗剪强度与垂直荷载的关系曲线特点及表 3-7 不同荷重区间指标取值综合分析，结合库仑抗剪强度理论公式，高应力作用下软土的抗剪强度计算公式可表达为：

当 $\sigma \leqslant \sigma_2$ 时：

$$\tau_1 = c_1 + \sigma_1 \tan\varphi_1 \tag{3-1}$$

当 $\sigma \geqslant \sigma_z$ 时：

$$\tau_2 = c_1 + \sigma_z \tan\varphi_1 + (\sigma_2 - \sigma_z)\tan\varphi_2 \tag{3-2}$$

令 $c_1 + \sigma_z\tan\varphi_1 = \tau_1$；$\sigma_2 - \sigma_z = \Delta\sigma$，则

$$\tau_2 = \tau_1 + \Delta\sigma\tan\varphi_2 \tag{3-3}$$

式中：c_1、σ_1——垂直荷重小于自重压力时饱和软土黏聚力(kPa)、内摩擦角(°)；

σ_1——小于自重压力时的垂直荷载(kPa)；

σ_z——土体自重压力(kPa)；

σ_2——大于自重压力的垂直荷载(kPa)；

φ_2——垂直荷重大于自重压力时，饱和软土内摩擦角(°)。

$\Delta\sigma$——垂直荷载与自重压力差值(kPa)。

不同垂直荷重区间饱和软土抗剪强度计算简图见图 3-13。

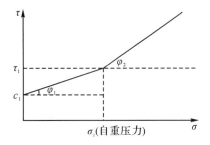

图 3-13 不同垂直压力下饱和软土抗剪强度计算简图

综合分析表明：在具体岩土工程项目中，土体实际应力状态的变化往往引起饱和软土原有结构发生变化，最终导致在不同的压力区间土体抗剪强度指标及其抗剪强度取值不同。在室内试验方案选取及岩土工程设计、施工中，饱和软土抗剪强度的取值，应结合具体应力区间按图 3-13 取值，以符合岩土工程实际需要。

3.5　重塑软土抗剪强度特性研究

3.5.1　试验方案设计

为模拟饱和软土在原位应力状态下完全扰动后饱和软土抗剪强度特性规律，分别取淤泥、淤泥质黏土和淤泥质粉质黏土等饱和软土试样各一组，每组 3 个土样。对原状土样开展室内直剪快剪试验；对原状土样人为完全扰动后，制作重塑样，每组重塑样在其自重压力(保持原位应力)作用下分别预压固结 0、2、4、6、16 小时后进行直剪快剪试验；同时对重塑样(预压 0 小时)和原状土样进行标准固结试验。在重塑样预压处理过程中，在自重压力作用下，按 1、2、3、4、5、10、15、20、30、60、90、180、240、960 min 等时间段分别记录重塑样产生的压缩变形量。试验方案设计见表 3-8，重塑试样制作、预压分别见图 3-14、3-15。

表 3-8　重塑饱和软土室内剪切试验方案

组号	土样编号	野外定名	取样深度(m)	剪切方案	预压荷重(kPa)（自重压力）	剪切垂直荷重(kPa)
1	RDY7	淤泥	9.2～9.5	原状、重塑预压 0、2 小时	75	50、100、150
	RDY8		9.7～10.0	原状、重塑预压 4、6 小时		
	RDY9		10.7～11.0	原状、重塑预压 16 小时		
2	RDY14	淤泥质黏土	13.7～14.0	原状、重塑预压 0、2 小时	100	50、100、150
	RDY15		14.7～15.0	原状、重塑预压 4、6 小时		
	RDY16		15.2～15.5	原状、重塑预压 16 小时		
3	RDY22	淤泥质粉质黏土	19.2～19.5	原状、重塑预压 0、2 小时	150	50、100、200
	RDY23		19.7～20.0	原状、重塑预压 4、6 小时		
	RDY24		20.7～21.0	原状、重塑预压 16 小时		

图 3-14　重塑试样的制作

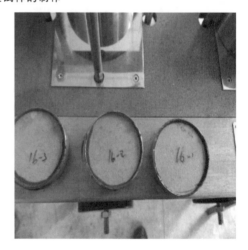

图 3-15　重塑试样预压固结

3.5.2 试验结果分析

（1）原状土与重塑土标准固结试验分析

图 3-16 给出了以 RDY7、14、22 为代表的部分室内标准固结试验得到的原状、重塑软土竖向应力应变关系曲线。图显示，由于扰动使饱和软土自身的结构发生破坏，在同一竖向压力作用下，重塑土的竖向变形、应变远大于原状土。在完全侧限条件下，随着竖向压力的增大，原状土的应力应变关系曲线斜率（即压缩模量）变化幅度不大，整体上保持一致，原状土标准固结应力应变关系曲线表明，对于饱和软土，在标准固结压力作用下土体以弹性压缩变形为主，呈现出弹性体的性质。

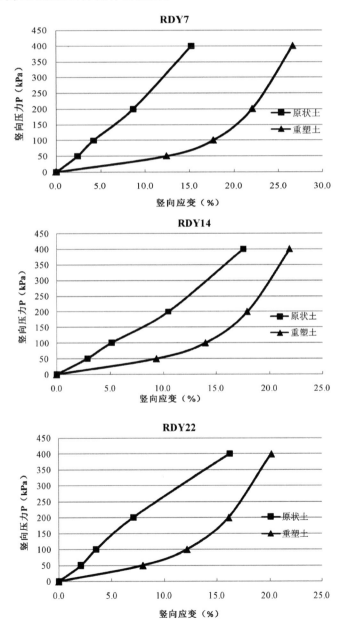

图 3-16　原状、重塑土样竖向压力-竖向变形关系曲线

而对于重塑土样,在标准固结压力范围内,随着竖向压力的增大,其应力应变关系曲线斜率(即土样压缩模量)逐渐增大,且变化幅度较大,呈现出从 0～100 kPa 固结压力段时小于原状土样逐渐变化到 200～400 kPa 固结压力段时超过原状土样的变化趋势。不同压力段原状、重塑土的压缩模量取值见表 3-9、图 3-17。

表 3-9　不同压力段原状土与重塑土压缩模量取值对比表

序号	名称	自重压力	结构状态	压力段			
				0～50kPa	50～100kPa	100～200kPa	200～400kPa
RDY7	淤泥	75kPa	原状	2.1	2.8	2.3	3.0
			重塑	0.4	0.9	2.3	4.3
RDY14	淤泥质黏土	100kPa	原状	1.7	2.3	1.9	2.8
			重塑	0.5	1.1	2.6	5
RDY22	淤泥质粉质黏土	150kPa	原状	2.4	3.3	2.6	2.2
			重塑	0.6	1.2	2.6	4.9

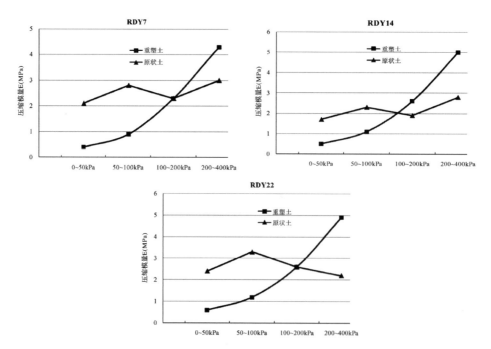

图 3-17　不同压力段原状土、重塑土压缩模量取值

表 3-9 及图 3-17 原状土和重塑土在不同压力段所得到的压缩模量对比分析表明:对于原状饱和软土,在标准固结试验的不同压力区间,其压缩模量取值变化幅度不大,数值区间 2～3 MPa;但对于重塑软土,在不同的压力区间,取值变化幅度较大,为 0.4～5 MPa,且随着压力的增大,其压缩模量的取值也逐渐增大,在 200～400 kPa 压力区间,重塑软土的压缩模量取值是原状土样 1.4～2.2 倍。

饱和软土原状、重塑样室内标准固结试验综合分析表明：当饱和软土完全扰动后，即重塑土结构遭到破坏，压缩性大幅度降低，为欠固结土；在同一竖向压力作用下，重塑土的压缩变形量大于原状土。对于相同尺寸的环刀试样，相比原状土样，重塑土由于产生较大的压缩变形，其土体压密程度更大，压缩性得到显著改善，随着后期固结压力的逐步增大，其结构得到逐步压密，压缩模量也逐步增大，最终得到 $200\sim400\,$kPa 压力段下的压缩模量均值为 $4.7\,$MPa，比原状样均值 $2.7\,$MPa 提高 74% 左右。

（2）自重固结压力作用下重塑土沉降变形特性分析

图 3-18 至图 3-20 给出了 RDY7～9 淤泥、RDY14～16 淤泥质黏土、RDY22～24 淤泥质粉质黏土等三组重塑土试样在自重固结压力作用下的沉降变形随时间变化关系曲线。

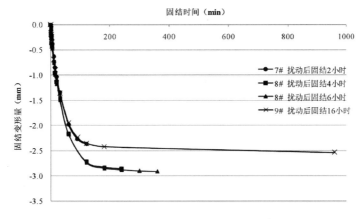

图 3-18　RDY7～9 重塑土样沉降随时间变形曲线

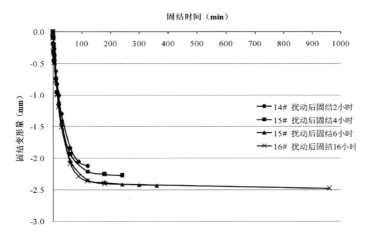

图 3-19　RDY 14～16 重塑土样沉降随时间变形曲线

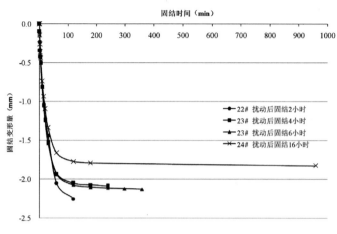

图 3-20　RDY22～24 重塑土样沉降随时间变形曲线

沉降变形-时间关系曲线显示,在自重固结压力作用下各重塑土的沉降变形曲线变化趋势保持一致,在 0～120 min 内,各试样的沉降速率随时间呈现线性增加的关系,且沉降速率较大,当预压时间大于 120 min 后,其沉降速率显著放缓,沉降基本达到稳定状态。

选取预压时间最长的 9、16、24 试样为代表,其沉降随时间变化数据见表 3-10 至表 3-12。数据分析表明:在预压沉降 120 min 时,三个重塑试样的沉降量占沉降最终稳定时总沉降量的比例分别为 93.0%、95.3%、97.1%,均值为 95.1%;在预压沉降 180 min(3 小时),各试样沉降变形量占最终总沉降量的比值分别为 95.7%、97%、98.2%,均值为 97.0%。沉降数据分析表明,重塑软土在原位应力状态下其自重压力作用 2 小时后,固结作用基本完成,体积基本保持稳定。

表 3-10　RDY9 样沉降随时间变形数据表

预压时间(min)	0	1	2	3	4	5	10	15	20	30	60	90	120	180	960
沉降量(mm)	0.00	0.08	0.20	0.25	0.36	0.43	0.70	0.90	1.08	1.36	1.96	2.24	2.36	2.43	2.54
百分比(%)	0.0	3.2	7.9	9.9	14.1	16.8	27.6	35.6	42.6	53.7	77.1	88.4	93.0	95.7	100.0

表 3-11　RDY16 样沉降随时间变形数据表

预压时间(min)	0	1	2	3	4	5	10	15	20	30	60	90	120	180	960
沉降量(mm)	0.00	0.10	0.23	0.32	0.41	0.49	0.78	1.00	1.19	1.51	2.09	2.29	2.36	2.40	2.48
百分比(%)	0.0	4.2	9.4	13.1	16.6	19.8	31.5	40.5	48.0	61.0	84.3	92.5	95.3	97.0	100.0

表 3-12　RDY24 样沉降随时间变形数据表

预压时间(min)	0	1	2	3	4	5	10	15	20	30	60	120	180	960
沉降量(mm)	0.0	0.00	0.15	0.26	0.36	0.44	0.74	0.94	1.10	1.34	1.66	1.77	1.79	1.83
百分比(%)	0.0	0.0	8.0	14.4	19.9	24.3	40.5	51.3	60.0	73.4	91.1	97.1	98.2	100.0

（3）重塑土抗剪强度特性分析

以 RDY9、14、23 为代表，各土样的原状土和不同预压固结处理时间段（0、2、4、6、16 小时）的重塑土室内快剪试验得到的剪切位移-剪应力关系曲线见图 3-21 至图 3-23，各试样抗剪强度指标取值分别见表 3-13 至表 3-15。

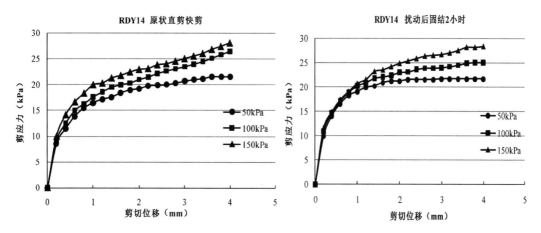

图 3-21　不同固结时间段重塑样、原状样剪切位移-剪应力关系曲线（RDY14）

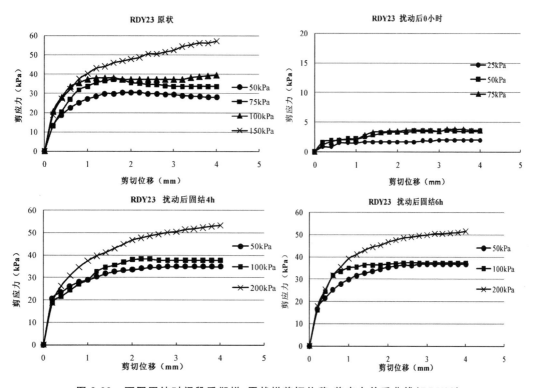

图 3-22　不同固结时间段重塑样、原状样剪切位移-剪应力关系曲线（RDY23）

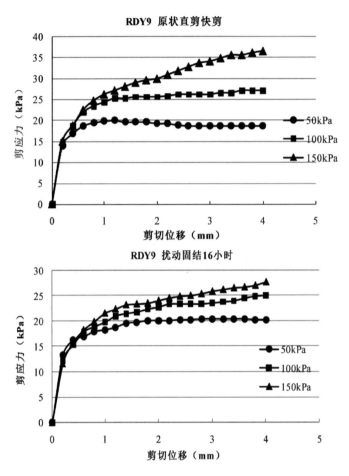

图 3-23　不同固结时间段重塑样、原状样剪切位移-剪应力关系曲线（RDY9）

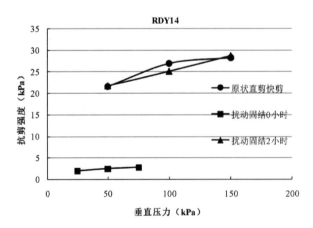

图 3-24　不同固结时间段重塑样、原状样垂直压力-抗剪强度关系曲线（RDY14）

表 3-13 抗剪强度指标取值表(RDY14)

样号	试样状态	黏聚力(kPa)	内摩擦角(°)
RDY14	原状	19	3.8
	扰动固结 2 小时	18.2	4.0

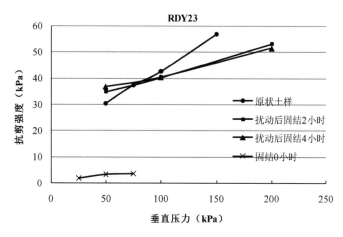

图 3-25 不同固结时间段重塑样、原状样垂直压力-抗剪强度关系曲线(RDY23)

表 3-14 试样抗剪强度指标取值表(RDY23)

样号	试样状态	黏聚力(kPa)	内摩擦角(°)
RDY23	原状	17.1	14.8
	扰动固结 0 小时	1.3	2
	扰动固结 4 小时	28.5	7.0
	扰动固结 6 小时	31.2	5.8

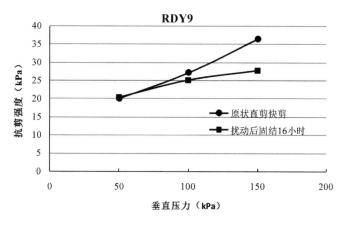

图 3-26 不同固结时间段重塑样、原状样垂直压力-抗剪强度关系曲线(RDY9)

表 3-15　RDY9 试样抗剪强度指标取值表

样号	试样状态	黏聚力(kPa)	内摩擦角(°)
RDY9	原状	11.4	9.3
	扰动固结 16 小时	17.1	4.2

由图 3-21 至图 3-26,表 3-13 至表 3-15 分析,饱和软土完全扰动后其结构遭到破坏,因此在扰动后的 0 小时,触变尚未发挥作用,结构没有得到恢复,抗剪强度完全丧失,如 RDY23 样,其黏聚力和内摩擦角接近于零。在自重压力作用下固结 2 小时后,试样得到固结压密,软土强度得到恢复,如 RDY14 试样,其抗剪强度指标与原状土样指标相比,黏聚力减小 4.2%,内摩擦角增大 5.3%,其数值基本一致,即对于重塑饱和软土,在其自重压力作用下固结 2 个小时,其抗剪强度指标基本恢复到原状土状态。在自重压力作用下,当固结时间分别达到 4、6、16 小时,如 RDY23、RDY9 试样,与原状土相比,重塑土黏聚力出现较大幅度的增长,而内摩擦角则大幅度降低,但两者的变化幅度均呈现出先大后小的规律。如图 3-27 及表 3-16 所示,与原状土相比,在自重压力作用下,不同的预压固结时间段(4、6、16 小时)内各重塑土的黏聚力增长幅度分别为 66.7%、82.5%、50%,平均增长 66.4%;内摩擦角增长幅度分别为 −52.7%、−60.8%、−54.8%,平均增长 −56.1%。

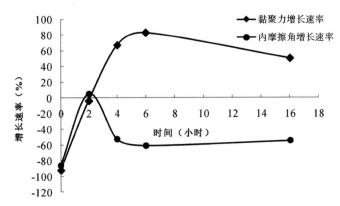

图 3-27　与原状土相比重塑土抗剪强度指标随自重压力作用时间增长速率曲线

表 3-16　与原状土相比重塑土抗剪强度指标增长速率表

时间(小时)	2	4	6	16
黏聚力增长速率(%)	−4.2	66.7	82.5	50
内摩擦角增长速率(%)	5.3	−52.7	−60.8	−54.8

在自重压力作用下,不同预压固结时间段重塑软土的室内直剪快剪试验成果分析表明:重塑土固结 2 小时后,其抗剪强度指标基本恢复到原状土状态;在预压固结 2~4 小时内,随着预压固结时间的增长,与原状土相比,重塑土黏聚力继续大幅度增长,而内摩擦角则有较大幅度的减小。但当固结时间大于 4 小时后,重塑土抗剪强度指标与原状土相比变化幅度基本保持稳定,即黏聚力平均增长 63%,内摩擦角约平均降低 56%。另外如图 3-24 至图 3-26 不同重塑土库伦抗剪强度曲线所示,在自重压力作用下,当预压固结大于 2

小时,随着垂直压力的增大,重塑土的整体抗剪强度小于原状土,且之间的差值也越来越大。

3.5.3　抗剪强度指标差异性机制分析

(1)密度对比分析

图 3-28 及表 3-17 为同一软土原状与重塑土样的密度室内试验成果及对比曲线。室内试验数据表明,对于同一饱和软土,原状和重塑土密度大小一致,基本不变,统计均值分别为 1.75 g/cm³、1.76 g/cm³。

表 3-17　试样密度试验取值

单位:g/cm³

试样	RDY8	RDY9	RDY14	RDY16	RDY24	均值
原状土	1.68	1.74	1.79	1.71	1.83	1.75
重塑土	1.67	1.74	1.80	1.76	1.83	1.76

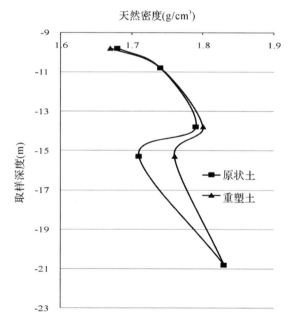

图 3-28　不同状态下土样密度对比曲线

对于黏性土,其组成、密度结构及其应力状态是影响土体抗剪强度特性的主要因素。相关研究表明,同一饱和正常固结软土,存在着密度—有效应力—抗剪强度的唯一性关系,因此,对于试验采用的同一软土的原状和重塑土样,在组成、密度相同的条件下,结构和应力状态的不同是其抗剪强度特性存在差异的主要原因。

(2)饱和软土结构性分析

图 3-29、3-30 为引用 BY2 钻孔试样室内无侧限抗压试验呈现的两种典型破坏形式。

图 3-29　原状土样无侧限抗压破坏形态(a 型)　　图 3-30　重塑土样无侧限抗压破坏形态(b 型)

　　室内无侧限抗压强度试验表明,原状土典型破坏状态见图 3-29,呈现 a 型脆性破坏;重塑土典型破坏状态见图 3-30,出现中部鼓出的 b 型塑性破坏。引用 BY2 钻孔部分饱和软土原状、重塑样无侧限抗压强度室内试验成果,其轴向应力应变关系曲线见图 3-31,灵敏度取值见表 3-18。

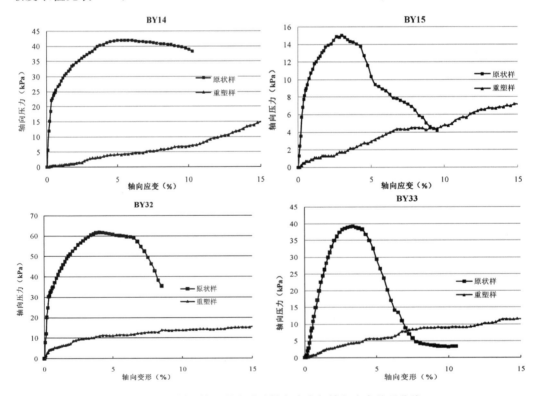

图 3-31　无侧限抗压强度试验轴向应力与轴向应变关系曲线

表 3-18　饱和软土灵敏度取值表

	BY14	BY15	BY32	BY33	均值
原状抗压强度(kPa)	42	15	62	40	/
重塑抗压强度(kPa)	15	7.2	15	12	/
灵敏度	2.8	2	4.1	3.3	3.1

室内部分无侧限抗压试验成果图 3-31 及表 3-18 表明,饱和软土灵敏度 2.0~4.1,均值 3.1,为中度灵敏度饱和软土,结构性强。

综合分析原状、重塑饱和软土无侧限抗压强度应力应变关系及其灵敏度取值表明,宁波饱和软土具有较强的结构性,对于完全扰动后的重塑土,在原位应力状态下,结构破坏是导致其抗剪强度损失的重要原因。

(3)软土抗剪强度机理分析

土是一种碎散的颗粒材料,土颗粒矿物本身具有较大的强度,不易发生破坏。土颗粒之间的接触面相对软弱,容易发生相对滑移等。因此,土的强度主要由颗粒间的相互作用力决定,而不是由颗粒矿物的强度决定,最终决定土的破坏形式以剪切破坏为主,其强度主要表现为黏聚力和内摩擦角。

库伦总结了土的破坏现象和影响因素,提出土的抗剪强度公式即:

$$\tau_f = C + \sigma \tan\varphi \tag{3-4}$$

式中:τ_f——剪切破坏面上剪应力,即土的抗剪强度;

$\sigma\tan\varphi$——摩擦强度,其大小正比于法向压力 σ;

φ——土的内摩擦角;

C——土的黏聚力。

C 和 φ 是决定土的抗剪强度的两个指标,称为土的抗剪强度指标。

①黏聚力

细粒土的黏聚强度 C 取决于土粒间的各种物理化学作用力,包括库仑力(静电力)、范德华力、胶结作用力等。有关专家把黏聚力分为原始黏聚力和固化黏聚力。

原始黏聚力来源于颗粒间的静电力和范德华力。颗粒间距离越近,单位面积上土粒的接触点面积越大,则原始黏聚力越大。因此,同一种土,密度越大,原始黏聚力就越大。当颗粒间相互离开一定距离以后,原始黏聚力才完全丧失。

固化黏聚力取决于存在于颗粒之间的胶结物质的胶结作用,例如土中游离氯化物、铁盐和有机质等。固化黏聚力除了与胶结物质的强度有关外,还会随着时间的推移而强化。

②内摩擦角

细粒土的颗粒细微,颗粒表面存在吸附水膜,颗粒间可以在接触点处直接接触,也可以通过结合水膜间接接触。除了土颗粒相互移动和如图 3-32 咬合作用引起的摩擦强度外,接触点处的颗粒表面因为物理化学作用而产生的吸引力,对土的摩擦强度也有影响。

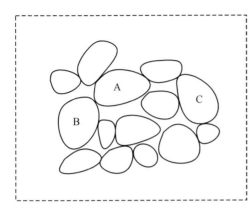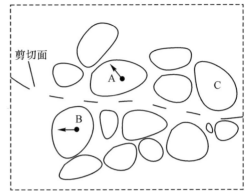

图 3-32　土内剪切面颗粒运动示意图

（4）静置作用下重塑软土抗剪强度恢复机制分析

相关研究表明：天然状态下土体扰动后强度损失，静置后因触变引起的强度恢复的过程，是一种初始结构被破坏将其分散，颗粒间引力与斥力的相互作用的力场变化使结构趋向絮凝发展过程，是一种土体从稳定的颗粒排列、孔隙分布被打破变化非稳定结构，由于结构自适应调整向亚稳定结构转变的过程，这一过程需要颗粒的移位，水和离子的运动，存在时间依赖性，即土的触变性。然而，在扰动的同时，土颗粒间的胶结联结作用也同时遭到破坏，造成土颗粒接触点的结构强度丧失，而这一部分强度的丧失是不可恢复的，因此即使是长时间的静置，由于土体触变的影响，土的强度也无法恢复到天然状态下的强度水平。有分析表明，扰动土在静置 500 天后，由于触变恢复的强度仅占扰动损失强度的 21.2％～23.5％。

饱和软土易于触变的实质是这类土的微观结构为不稳定的片架结构，含有大量结合水。黏性土的强度来源于土粒间的联结特征，即粒间电分子力产生的"原始黏聚力"和粒间胶结物产生的"固化黏聚力"。当土体被扰动时，这两类黏聚力被破坏或部分破坏，土体强度降低。但扰动部分的外力停止后，被破坏的原始黏聚力可随时间部分恢复，因而强度有所恢复。然而，固化黏聚力的破坏是无法在短时间内恢复的。因此，易于触变的土体，被扰动而降低强度仅能部分恢复。

（5）自重固结作用下重塑软土抗剪强度恢复机制分析

①强度损失机制分析

根据土体抗剪强度机理分析，细粒土的黏聚力取决于于土粒间的各种物理化学作用力，包括原始黏聚力和固化黏聚力等。其中原始黏聚力来源于颗粒间的静电力和范德华力，固化黏聚力来源于颗粒之间的胶结作用。对于重塑软土，室内密度试验表明其密度大小与原状土样相等，即表明单位面积上土粒的接触点面积基本一致，因此饱和软土重塑前后原始黏聚力，即静电力和范德华力不会发生显著变化；但对于重塑土的固化黏聚力，由于饱和软土结构遭到完全扰动破坏，其颗粒之间的胶结结构完全遭到破坏，固化黏聚力基本完全丧失。

细粒土的内摩擦角除了相互移动和咬合作用引起的摩擦强度外，接触点处的颗粒表面由物理化学作用而产生的吸引力，对土的摩擦强度也有影响。对于重塑前后密度相同的软土,由土颗粒相互移动及咬合而引起的摩擦强度与原状土样基本保持一致,因此颗粒之间物理化学作用而产生的吸引力(即胶结作用、静电力和范德华力)是重塑软土抗剪强度变化的主要原因。

由室内试验成果得到 RDY14 原状土及重塑土(静置 0 小时)的快剪强度指标分别为 19 kPa、3.8° 和 1.3 kPa、2.0°,重塑土强度指标近于 0。根据上述分析,重塑土抗剪强度指标变化主要由胶结作用、静电力和范德华力等颗粒之间的物理化学作用引起。静置 0 小时,饱和软土完全扰动前后,由于密度不变,其库伦力、范德华力则不发生显著变化,由此,重塑土抗剪强度指标发生变化的根本原因是软土结构完全扰动破坏后,其胶结结构破坏,胶结作用的丧失是重塑土抗剪强度损失的内在本质原因,且胶结作用对饱和软土的抗剪强度起着决定作用。

②强度恢复机制分析

饱和软土完全扰动后,由于其结构的破坏,其应力历史由正常固结土变为欠固结软土,在上部自重固结荷重作用下得到逐步固结。随着孔隙水的排出,土体得到压密,土颗粒间距逐渐减小,同时颗粒间引力与斥力的相互作用立场逐步转化,进而随着固结度的增大,由土颗粒间相互咬合产生的内摩擦角和颗粒间库仑力、范德华力引起的原始黏聚力逐步恢复、加强,当沉降固结基本稳定时(2 小时),其指标与原状土样基本一致,即达到初始抗剪强度水平;随着固结度的增大,重塑软土颗粒间距不断减小,当达到完全稳定后(>4 小时),由于固结变形不再发展,土颗粒间距达到最小值,原始黏聚力不再发生显著的变化,即重塑土黏聚力达到峰值,综合分析其值比原状土增长 63% 左右。

对于重塑软土的内摩擦角,由于颗粒表面存在吸附水膜,颗粒间可以在接触点处直接接触,也可以通过结合水膜间接接触,在剪切过程中,其值的大小主要受颗粒间的咬合作用控制。在重塑软土固结沉降稳定前期,由于土颗粒间距的逐步减小,土颗粒间的咬合作用逐步得到加强,内摩擦角增大;随着固结沉降达到稳定状态,土颗粒间距基本保持不变,但由于饱和软土土颗粒间自由水及结合水膜的存在(见图 3-33),起到一定的润滑作用,在上部垂直固结荷重作用下,颗粒间的咬合结构形态逐步趋于更加平缓的方向移动,颗粒间的排列更加趋于稳定,由此导致颗粒间咬合作用减弱,最终表现出重塑土在固结稳定后(>4 小时),其内摩擦角减小的现象,综合分析其值比原状土降低 56% 左右。

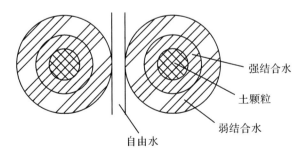

图 3-33　饱和软土颗粒接触特征示意图

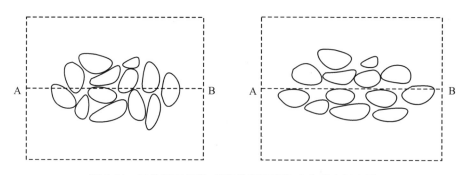

图 3-34　固结稳定前期、后期剪切面颗粒咬合形态示意图

由此分析可知:由于饱和软土的触变性,重塑土的胶结作用在短期内无法得到恢复,因此自重固结作用下重塑饱和软土的抗剪强度指标恢复过程,是由于固结沉降引起的孔隙水排水,土体得到压密,土颗粒间距逐步较小,进而引起颗粒间原始黏聚力和咬合作用产生的摩擦角逐步得到增大的过程;当土体固结沉降变形稳定,即颗粒间距达到最小值,则重塑土体黏聚力到达峰值,并基本保持不变;而在上部固结荷重作用下,饱和软土颗粒间自由水和弱结合水的存在及土颗粒的不可压缩性使颗粒之间的接触状态不断调整,在固结稳定之间,其颗粒间的不断调整,导致出现内摩擦角在固结前期先增大后有所减小的现象,但当固结稳定后其值保持稳定,总体比原状土样降低 56% 左右。

3.6　本章小结

3.6.1　结论

(1)采用自重压力预压固结后饱和软黏土抗剪强度指标与规范做法相比:黏聚力提高显著,两者均值之比为 3.8;内摩擦角则大幅度降低,两者均值之比为 0.5。

(2)在实际工程中饱和软土应力状态未发生较大变化的情况下,当采用室内固结快剪测定土体抗剪强度指标时,预压固结荷重应以土体自重压力为上限。

(3)鉴于目前土力学中相关理论、公式及其计算模型均以库伦抗剪强度理论为基础,因此对于高应力作用下饱和软土抗剪强度指标的取值应结合工程土体实际应力状态综合取值。

(4)对于饱和软土,抗剪强度取值应以自重压力值为界限,根据实际应力状态,采用式 3-1 或 3-3 取值。

(5)室内标准固结试验分析表明,对于重塑软土,其结构遭到破坏,压缩模量几乎为 0;当在固结压力作用下,试样得到压缩变形,结构得到改善,压缩性得到逐步恢复,在 200~400 kPa 压力段得到的压缩模量均值 4.7 MPa,比原状样均值 2.7 MPa 提高 74% 左右。

(6)在预压沉降 120 min(即 2 小时)时,重塑试样的沉降量占沉降稳定时总沉降量的 95% 左右;当固结时间大于 4 小时后,不同时段各重塑试样抗剪强度指标与原状样相比变化幅度基本一致,即黏聚力增长 63% 左右,内摩擦角降低 56% 左右。

(7)土样整体抗剪强度曲线所示,自重压力作用固结稳定后,随着垂直压力的增大,重塑土的整体抗剪强度小于原状土,之间的差值呈逐渐增大的发展趋势。

(8)重塑土抗剪强度指标损失机理为:软土结构完全扰动破坏后,其胶结结构破坏,胶结作用的丧失是导致其抗剪强度损失的内在本质原因,且胶结作用对饱和软土的抗剪强度起着决定作用。

(9)自重固结作用下重塑饱和软土的抗剪强度指标恢复的机制为:固结变形引起颗粒间原始黏聚力和咬合作用产生的摩擦角逐步得到增大,当土体固结沉降变形稳定,颗粒间距达到最小值,则重塑土体黏聚力到达峰值,并保持不变;由于饱和软土颗粒间自由水和弱结合水的存在及土颗粒的不可压缩性,在固结稳定之前,土颗粒之间的接触状态不断调整,导致出现内摩擦角在固结稳定前先增大后有所减小的现象,但当固结稳定后其值保持稳定。

3.6.2 建议

(1)在室内直剪试验中,应根据软土的实际应力状态选择预压处理荷重和垂直荷重,以保证得到抗剪强度指标与岩土工程实际情况相符。

(2)对大应力作用下饱和软土抗剪强度的取值公式应继续开展研究,进一步开展大样本试验,验证公式的适应性;库伦抗剪强度理论在高应力作用下饱和软土抗剪强度指标取值的应用尚待进一步分析探讨。

(3)对于原位应力状态下重塑土抗剪强度试验研究,应考虑孔隙水压力的影响,下一步应结合三轴剪切试验,继续开展相关分析研究。

(4)建议开展重塑软土在预压过程中的微观结构研究,结合抗剪强度指标的变化,从试样的微观结构变化分析重塑软土抗剪强度指标的恢复机理。

(5)当采用 0.8 mm/min 剪切速率时,剪切过程中饱和软土易产生排水,导致剪切曲线呈现应变硬化现象。因此,对于饱和软土,建议适当提高剪切速率,以便更好地控制排水,保证测试参数的可靠性。

第4章 软土地区基准基床系数试验方法与取值标准研究

4.1 概述

基床系数是基于原位平板荷载试验得到的,是公路、机场、地下工程和建筑地基基础工程,特别是近年来在城市地铁工程中经常使用的一个重要参数,主要用于模拟地基土与结构物(基础、衬砌、桩、挡土结构)的相互作用,计算结构物内力及变形(基础竖向变形、衬砌侧向变形、桩和挡土结构物的水平和竖向变形等),对于工程造价、工程安全可靠程度均有直接的影响,其大小除与土体类别、物理力学性质有关外,更与试验和取值方法相关。目前岩土工程勘察阶段主要采用平板荷载试验、螺旋板载荷试验、旁压试验、扁铲侧胀试验、标准贯入试验和室内固结试验、三轴试验来确定基床系数,但不同的试验方法和试验条件下,其结果有很大的差别,在岩土勘察阶段无法提供准确的基床设计参数,给工程的设计者带来了一定的困惑。近年来随着滨海软土城市地铁项目的不断发展,对基床系数的参数测试的重要性也愈发明显。

基床系数作为地下工程设计的重要参数,其值的准确性将直接影响到项目的工程造价及安全,现场平板载荷试验是目前最可靠的方法,然而由于平板载荷试验主要适用于地表浅层地基土,其适用性受到限制,且工期较长、费用较高,而室内试验结果与规范经验值差异性太大,目前在岩土勘察阶段对于基床系数尚未形成统一的试验方法和取值标准,导致勘察单位提出的基床系数设计工程师无法把握和使用。为提高软土地区岩土工程勘察、设计水平,降低工程造价,提高安全性,有必要对软土地区基床系数进行一系列的理论、现场和室内试验研究,以确定软土地区设计中基床系数的试验和取值方法,进而提高软土地区工程勘察、设计水平,具有一定的实际工程意义和应用价值。

4.2　研究区自然地理及岩土工程条件

4.2.1　地形地貌

拟建工程场地位于宁波市古林栎南公路北,轨道交通 2 号线机场站以北的共任村地块,场地北侧现大部分为菜地和葡萄园,南侧现建有轨道交通项目部和 2 号线机场站,地形平坦,现地面高程 2.00~3.50 m。场地地形地貌单一,属于滨海冲湖积平原地貌,沉积类型以第四系海相软土层为主。

试验场地地貌见图 4-1。

图 4-1　试验场地地貌图

4.2.2　土体物理力学性质指标

拟建工程场地勘探深度范围内的地基土划分为 10 个工程地质层,并细分为 20 个工程地质亚层。试验深度范围内地基土涉及 6 个工程地质层,其分布及主要物理力学性质参数见表 4-1。

表 4-1　地基土分布及物理力学性质指标

层号	岩性名称	土层厚度/m	状态	土体物理力学性质指标					E_{s1-2}/MPa
				W/%	γ/(kN·m⁻³)	e_o	I_p	I_L	
①₁	素填土	0.3~0.5	/	/	/	/	/	/	/
①₂	黏土	0.8~2.4	可塑	33.3	18.9	0.94	20.5	0.39	4.29
①₃	淤泥质粉质黏土	2.1~4.3	流塑	42.8	17.6	1.22	15.8	1.37	3.16
②₂	淤泥质粉质黏土	3.0~8.5	流塑	44.6	17.5	1.26	15.9	1.45	2.95

层号	岩性名称	土层厚度/m	状态	土体物理力学性质指标					$E_{s1-2}/$ MPa
				W/%	$\gamma/(kN \cdot m^{-3})$	e_o	I_p	I_L	
②₃	淤泥质黏土	6.6~11.1	流塑	43.5	17.4	1.26	17.6	1.19	2.47
④	黏土	5.6~10.2	软塑	45.4	17.0	1.33	22.3	0.95	2.85
⑤	粉质黏土	1.0~5.6	可塑	26.5	19.2	0.79	13.0	0.56	5.13
⑥	圆砾	>6.0	中密~密实	/	/	/	/	/	/

结合工程地质条件及土体物理力学性质指标,对上部可塑(硬壳层),下部流塑、软塑、可塑状黏性土土体基床系数分别进行试验分析。

4.3　基床系数的测试及分析

4.3.1　K_{30}载荷试验

(1)试验概况

为测试浅层地基土的垂直及水平基床系数,在试验场地的相应钻探孔或静探孔附近布置六个试验点 K_{30}-1~K_{30}-6,试验深度范围内共三层土,分别为①₁ 耕植土、①₂ 黏土(可塑)、①₃ₐ 粉质黏土(软塑),测试项目见表 4-2。

表 4-2　K_{30}载荷试验项目表

名称	层号	状态	测试深度(m)	试验项目	数量(个)
黏土	①₂	可塑	0.5m 左右	水平、垂直	12

垂直基床系数测试采用横梁加压,利用静探设备提供反力。水平基床系数测试利用改进的后壁提供反力。垂直测试点安装压板时,找平后铺 20~30 mm 中粗砂,轻轻拍实并找平,确保压板与试坑面平整接触。水平测试点位置尽可能与试验面保持垂直平整。遇凹下部位,应用砂垫平,垫层厚度不超过 2 mm。

试验设备及安装见图 4-2。

图 4-2　垂直、水平基床系数测试设备现场安装图

（2）试验加荷

本次试验采用慢速维持荷载法,加载方法为:按一定要求将荷载加到承压板上,每级荷载维持不变,直至承压板下沉量达到某一规定的相对稳定标准,然后继续加下一级荷载,当达到规定的终止试验条件时,便停止加荷,再分级卸荷直至零。

为满足软土地基对基床系数的测试要求,同时考虑软土特性的影响,试验加载装置采用精度为 0.1 kg 的传感器,另以压力表为辅助加载设备。根据土体物理力学状态,结合实际经验,确定各层土体每级加载值为 10 kPa,考虑仪器自身重量,垂直方向首级荷载等效为 46.7 kg,水平方向首级荷载等效为 70.7 kg,各级荷载控制值见表 4-3。

表 4-3　荷载强度—传感器对应值

加载顺序	荷载强度 σ(MPa)	传感器读数(kg)	
		垂直数值	水平数值
1	0.01	46.7	70.7
2	0.02	117.3	141.3
3	0.03	188.0	212.0
4	0.04	258.6	282.6
5	0.05	329.3	353.3
6	0.06	399.9	423.9
7	0.07	470.6	494.6
8	0.08	541.2	565.2
9	0.09	611.9	635.9
10	0.10	682.5	706.5

（3）试验数据整理

①整理步骤

原始记录表 A 中各级荷载 P_i 下修正后下沉量 S_i 应按下式修正：

$$S_i = S_i' - S_b \qquad (4\text{-}1)$$

式中：S_i'——对应于第 i 级荷载下 P_i 时两只百分表下沉量的平均值（mm）；

S_b——预压卸荷加零后两只百分表残余下沉量平均值（mm）。

根据原始记录表 A 修正后的 S_i 及与之对应的 P_i 值，以 S 为纵轴、P 为横轴，点绘实测 $P\text{-}S$ 曲线。如实测 $P\text{-}S$ 曲线顺整，无须修正，则可直接利用该曲线进行参数计算；若实测 $P\text{-}S$ 曲线向上（S 轴）顺延时明显不通过坐标原点，应进行修正后，方可用于计算。

②试验数据修正

根据实测数据绘制的 $P\text{-}S'$ 曲线前段呈直线且不通过坐标时，依据《铁路工程地质原位测试规程》（TB 10018—2003，J 261—2003）规定，按式 4-2、4-3 计算求出初始直线段截距 S_0 和斜率 C。根据计算得出的截距 S_0 和斜率 C，然后对比界限（即第一拐点）以前各点的沉降值按 $S = CP$ 进行修正；对比界限以后各点的沉降值按 $S = S' - S_0$ 修正。

$$S_0 = \frac{\sum S' \sum P^2 - \sum P \sum PS'}{n \sum P^2 - (\sum P)^2} \qquad (4\text{-}2)$$

$$C = \frac{n \sum PS' - \sum P \sum S'}{n \sum P^2 - (\sum P)^2} \qquad (4\text{-}3)$$

式中：n——荷载级数；

P——第 i 级荷载下单位面积的压力（kPa）；

S'——对应 P 的实测值。

符合该特征的测试曲线按上述公式求得的直线型 $P\text{-}S'$ 曲线截距 S_0 和斜率 C 见表4-4。

表 4-4　曲线截距 S_0 和斜率 C

测试编号	垂直					
	$K_{30}\text{-}1$	$K_{30}\text{-}2$	$K_{30}\text{-}3$	$K_{30}\text{-}4$	$K_{30}\text{-}5$	$K_{30}\text{-}6$
S_0	-0.2195	-0.2121	-0.1937	-0.346	-0.2715	-0.168
C	0.033	0.0236	0.0326	0.025	0.032	0.029
测试编号	水平					
	$K_{30}\text{-}1$	$K_{30}\text{-}2$	$K_{30}\text{-}3$	$K_{30}\text{-}4$	$K_{30}\text{-}5$	$K_{30}\text{-}6$
S_0	0.355	0.072	-0.52	-0.415	/	-0.2
C	0.0565	0.027	0.085	0.06	/	0.06

③试验结果及分析

各试验点测试深度见表 4-5。

表 4-5　各测试点深度表

测试点编号	类型	深度（m）	状态	颜色	土样编号	土样深度（m）	取样方法
K_{30}-1	垂直	0.50	可塑	灰黄	K_{30}-1-1	0.55～0.85	人工
	水平						
K_{30}-2	垂直	0.50			K_{30}-2-1	0.5～0.8	
	水平						
K_{30}-3	垂直	0.50			K_{30}-3-1	0.5～0.8	
	水平						
K_{30}-4	垂直	0.45			K_{30}-4-1	0.5～0.8	
	水平	0.50					
K_{30}-5	垂直	0.65			K_{30}-5-1	0.7～1.0	
	水平						
K_{30}-6	垂直	0.70			K_{30}-6-1	0.55～0.85	
	水平						

　　根据现场实测数据经整理后，K_{30}-1～ K_{30}-6 个测试点垂直方向 P-S（荷载-沉降）曲线见图 4-3 至图 4-8。

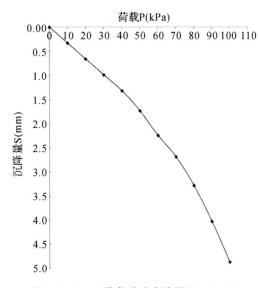

图 4-3　K_{30}-1 载荷试验曲线图（H＝0.5）

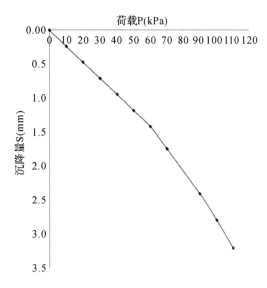

图 4-4　K_{30}-2 载荷试验曲线图（H＝0.5）

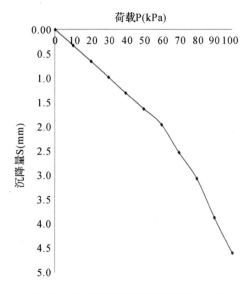

图 4-5　K_{30}-3 载荷试验曲线图（H=0.5）

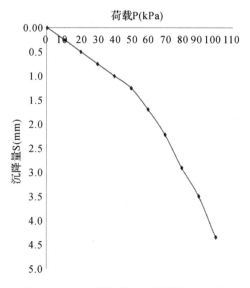

图 4-6　K_{30}-4 载荷试验曲线图（H=0.45）

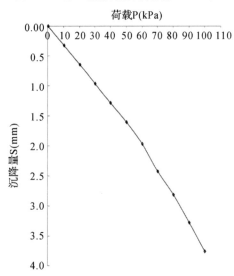

图 4-7　K_{30}-5 载荷试验曲线图（H=0.65）

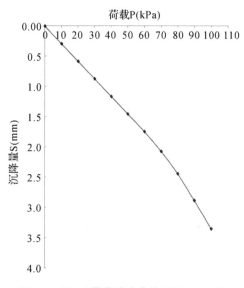

图 4-8　K_{30}-6 载荷试验曲线图（H=0.70）

水平向荷载试验 P-S（荷载-沉降）曲线见图 4-9 至图 4-14。

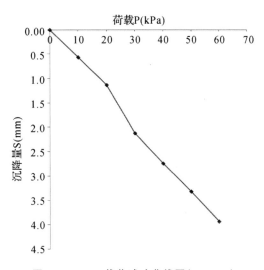

图 4-9　K_{30}-1 载荷试验曲线图（H＝0.5）

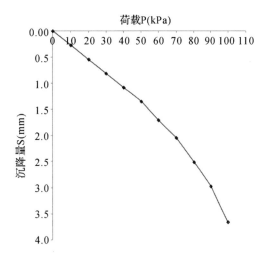

图 4-10　K_{30}-2 载荷试验曲线图（H＝0.5）

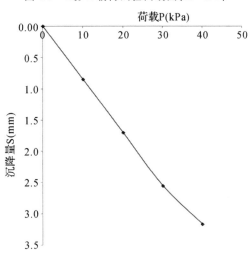

图 4-11　K_{30}-3 载荷试验曲线图（H＝0.5）

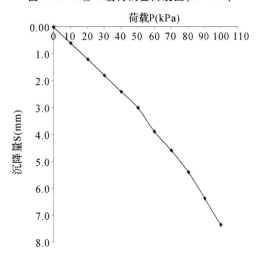

图 4-12　K_{30}-4 载荷试验曲线图（H＝0.5）

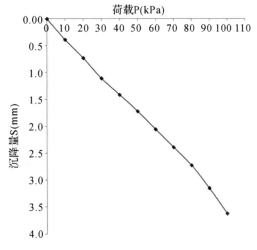

图 4-13　K_{30}-5 载荷试验曲线图（H＝0.65）

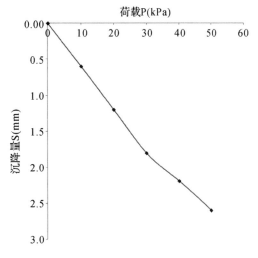

图 4-14　K_{30}-6 试验曲线图（H＝0.70）

从 $P\text{-}S$ 曲线得出下沉量基准值($S_s=1.25\times10^{-3}$ m)对应的荷载强度(P_s),并按下式计算各层土基床系数:

$$K_V=P_s/S_s \tag{4-4}$$
$$K_H=P_s/S_s \tag{4-5}$$

式中:K_V——垂直基床系数(MPa/m);

K_H——水平基床系数(MPa/m);

P_s——$P\text{-}S$ 曲线中 $S_s=1.25\times10^{-3}$ m 相对应的荷载强度(MPa);

S_s——下沉量基准值(取 1.25×10^{-3} m)。

求得各层地基土实测基床系数见表4-6。

表4-6　基床系数测试成果表

编号	测试深度(m)	类型	数值(MPa/m)	土层	状态
$K_{30}\text{-}1$	0.50	垂直	30.4	黏土	可塑
		水平	19.2		
$K_{30}\text{-}2$	0.50	垂直	42.4		
		水平	37.0		
$K_{30}\text{-}3$	0.50	垂直	30.7		
		水平	11.8		
$K_{30}\text{-}4$	0.45	垂直	40.0		
		水平	16.7		
$K_{30}\text{-}5$	0.65	垂直	31.3		
		水平	27.2		
$K_{30}\text{-}6$	0.70	垂直	34.5		
		水平	16.8		

(4)试验结果及分析

综合分析,该测试场地试验深度处土层基床系数取值见表4-7。

表4-7　土体垂直基床系数测试值

土层	深度(m)	状态	垂直基床系数(K_V)(MPa/m)		水平基床系数(K_H)(MPa/m)	
			范围	均值	范围	均值
黏土	0.45~0.70	可塑	30.4~42.4	34.9	11.8~37.0	21.5

测试结果表明,K_{30} 在载荷试验测试的研究区上部 0.45~0.70 m 深度处土体的垂直基床系数在 30.4~42.4 MPa/m 之间,均值为 34.9 MPa/m,同一深度处相对应水平基床系数在 11.8~37.0 MPa/m 之间,均值为 21.5 MPa/m;对数值比较分析不难发现,测试得出的垂直基床系数数值离散性不大,水平基床系数数值离散性较大;垂直、水平基床系数数值也有差异,即整体上垂直基床系数大于水平基床系数,垂直向与水平向均值比约为1.6。

产生以上差异的原因主要与土体物理力学性质状态及土体的均匀性相关。根据开挖试坑揭露,沿深度方向由于土体地质成因的不同,逐渐由性质较好的灰黄色可塑状态的冲湖积演变为性质较差的灰色可~软塑状态的海积,导致 K_{30} 平板在深度方向上的土体状态及均匀性较差,最终出现基床系数有一定的离散现象;同一深度处垂直与水平基床系数的差异一方面与二者所处的边界条件有关,垂直测试处在周边环境完全对称的试坑中,变形、应力分布是完全对称的,水平测试处在上下部对称的边界条件下,变形、应力分布不完全对称,另一方面,土层沿深度方向由于地质成因的不同存在纵横向差异,进而也导致力学性质的不同。

4.3.2　浅层平板载荷试验

(1)试验概况

在勘察场地选取有代表性的 3 个点进行浅层平板载荷试验,用以测试①₂ 层可塑状黏土的垂直基床系数,试验采用慢速维持荷载法,试验概况见表 4-8。

表 4-8　地基土浅层平板载荷试验概况

试验点编号	坐标		预估极限荷载(kPa)	备注
	横坐标 X	纵坐标 Y		
DCZH1	101212.97	595110.11	200	挖除表层耕植土 0.2 m
DCZH2	100953.31	595428.63	200	挖除表层耕植土 0.25 m
DCZH3	100805.46	595806.37	200	挖除表层耕植土 0.25 m

本次载荷试验采用地锚作为反力装置。试验承压板面积为 $0.5\ m^2$ 圆形钢板,并在承压板下铺设 20 mm 厚粗砂垫层并铺平。加压采用 ZY-30 型数显仪,通过装在手动油泵上的数值压力表直接读数压力值,再根据率定系数转换成相应荷载值。承压板以上"十字板"对称安装四只量程为 50 mm 的百分表,测读地基土的沉降值。现场试验装置见图 4-15。

图 4-15　平板荷载试验现场试验装置

（2）试验加载

本次试验采用慢速维持荷载法,加载方法为:按一定要求将荷载加到承压板上,每级荷载维持不变,直至承压板下沉量达到某一规定的相对稳定标准,然后继续加下一级荷载,当达到规定的终止试验条件时,便停止加荷,再分级卸荷直至零。加载分级:每级加载为预估极限荷载的1/10～1/12级,第一级按2倍分级加载值加载。

沉降观测:每级加载后按间隔10、10、10、15、15 min各测读一次,以后每隔30 min测读一次,当在连续2 h内,每小时的沉降量小于0.1 mm时,即施加下一级荷载。

卸载与卸载沉降观测:每级卸载值为每级加载值的2倍。每级卸载维持2小时,按间隔30、30 min各测读一次,以后每隔60 min测读一次,即可卸下一级,卸载至零后,测读残余沉降量,维持时间为4 h。

（3）试验数据整理

参照 K_{30} 荷载试验数据整理方法,平板荷载试验测试原始数据整理后得到的直线型 P-S 曲线的截距 S_0 和斜率 C 汇总见表4-9至表4-11。

表 4-9　DCZH1 曲线截距 S_0 和斜率 C 值

N	P(kPa)	S′	P²	P S′
1	40	0.58	1600	23.2
2	60	1.28	3600	76.8
3	80	2.44	6400	195.2
N=3	$\sum P=180$	$\sum S′=4.3$	$\sum P²=11600$	$\sum P S′=295.2$
C=0.0465　$S_0=-1.357$				

表 4-10　DCZH2 曲线截距 S_0 和斜率 C 值

N	P(kPa)	S′	P²	P S′
1	40	1.06	1600	42.4
2	60	2.80	3600	168
N=2	$\sum P=100$	$\sum S′=3.86$	$\sum P²=5200$	$\sum P S′=210.4$
C=0.087　$S_0=-2.42$				

表 4-11　DCZH3 曲线截距 S_0 和斜率 C 值

N	P(kPa)	S′	P²	P S′
1	40	0.56	1600	22.4
2	60	1.27	3600	76.2
3	80	2.39	6400	191.2
N=3	$\sum P=180$	$\sum S′=4.22$	$\sum P²=11600$	$\sum P S′=289.8$
C=0.0458　$S_0=-1.338$				

（4）试验结果及分析

根据整理及修正后数据绘制 P-S 曲线,修正数据见表 4-12 至表 4-14,曲线见图 4-16 至图 4-18。

表 4-12　DCZH1 荷载-沉降修正值

编号：DCHZ1		承压板面积：0.5 m²					
荷载(kPa)	0	40	60	80	100	120	140
沉降值(mm)	/	0.58	1.28	2.44	4.28	6.78	10.41
修正值(mm)	0	1.86	2.79	3.72	5.637	8.137	11.767

表 4-13　DCZH2 荷载-沉降修正值

编号：DCHZ2		承压板面积：0.5 m²					
荷载(kPa)	0	40	60	80	100	120	140
沉降值(mm)	/	1.06	2.8	5.26	9.31	15.14	22.93
修正值(mm)	0	3.48	5.22	7.68	11.73	17.56	25.35

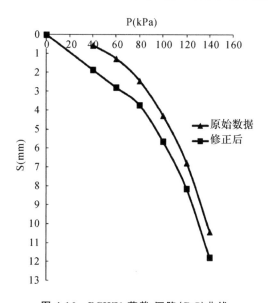

图 4-16　DCHZ1 荷载-沉降(P-S)曲线

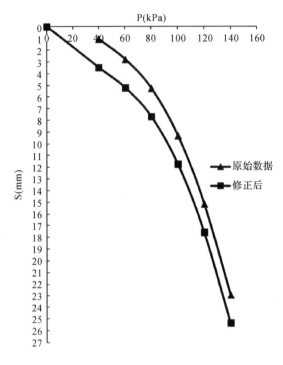

图 4-17　DCHZ2 荷载-沉降(P-S)曲线

表 4-14　DCZH3 荷载-沉降修正值

编号：　DCHZ3		承压板面积：　0.5 m², 直径:0.804 m					
荷载(kPa)	0	40	60	80	100	120	140
沉降值(mm)	/	0.56	1.27	2.39	4.86	8.38	13.85
修正值(mm)	0	1.832	2.748	3.664	6.198	9.718	15.188

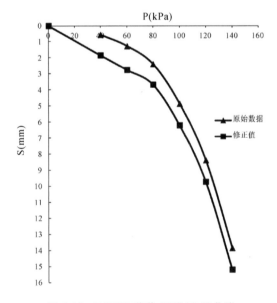

图 4-18　DCHZ3 荷载-沉降(P-S)曲线

经分析计算,该测试场地各测点基床系数取值见表 4-15。

表 4-15　各测点垂直基床系数取值表

编号	土层名称	试验深度(m)	垂直基床系数 K_V(MPa/m)	均值(MPa/m)
DCZH1		0.20	21.5	
DCZH2	黏土	0.25	11.5	18.3
DCZH3		0.25	21.8	

数据表明,由于此次仅布置三个试验点,且各试验实测值的极差超过均值的 30%,故浅层平板载荷试验的试验数据不能满足此次分析的需要,相关试验数据对比分析不再考虑浅层平板载荷试验相关数据。

4.3.3　扁铲试验

(1)试验概况

本次试验采用 DMT-T1 型扁铲侧胀仪,共布置 2 个扁铲试验测试点(编号 BC1、BC2),现场试验操作见图 4-19。

图 4-19　扁铲侧胀试验操作图

(2)试验步骤

扁铲侧胀试验探头利用静力触探设备压入土中。试验前对仪器进行了标定,标定时测得侧胀仪在空气中自由膨胀时膜片中心外移 0.05 mm 和 1.10 mm 所需的压力 A_0 和 B_0。标定前,在空气中反复加压荷、卸荷,消除膜片本身及装配时遗留的残余应力,试验点竖向间距取 0.2 m。

试验时先将扁铲以 20±5 mm/s 的速率贯入地层中某一预定深度,然后立即(不超过

15 s)加气(氮气)开始试验,由于蜂鸣器和检流计膜片在气压作用下压向土体,当膜片刚开始向外扩张时(膜片中心向外侧扩张位移 0.05 mm),发出一电信号(蜂鸣器发声或指示灯发光),测读该时气压 A;当膜片中心外移 1.10 mm 时发出第二次电信号,测读此时气压 B;控制降低气压,当膜片内缩到开始扩张的位置,测读该时气压 C。三个压力读数 A、B、C 在贯入停止后 2 min 内完成。A 和 B 的值必须满足 A+B>△A+△B。

扁铲侧胀消散试验,在正常读取压力 A、B、C 后,于释放贯入力后,经 1、2、4、8、15、30…min 时读取压力 C 随时间 t 的变化,直至压力 C 的消散超过 50% 为止。

(3)试验结果及分析

①试验资料整理

根据扁铲侧胀试验结果,得出膜片在三个特殊位置上的压力值,即 A、B、C。在数据整理前,首先检查"B−A≥△A+△B"是否成立。若不能成立,则检查仪器并对膜片重新进行率定或更换后重新试验。

由 A、B、C 值经膜片修正系数的修正后可分别得出 P_0、P_1、P_2 值:

$$P_0 = 1.05(A - Z_m + \triangle A) - 0.05(B - Z_m + \triangle B) \tag{4-6}$$

$$P_1 = B - Z_m - \triangle B \tag{4-7}$$

$$P_2 = C - Z_m + \triangle A \tag{4-8}$$

式中:Z_m——未加压时仪表的压力初读数。在 DMT-T1 型扁铲侧胀仪中,因数显示仪表本身有调零装置,故不考虑 Z_m 值的影响,即 $Z_m = 0$;

P_0——土体水平位移 0.05 mm(即 A 点)时,土体所受的侧压力;

P_1——土体水平位移 1.10 mm(即 B 点)时,土体所受的侧压力;

P_2——恢复初始状态(即 C 点)时,土体所受的侧压力;

△A——率定时钢膜片膨胀至 0.05 mm 时的实测压力值,△A =5～25 kPa;

△B——率定时钢膜片膨胀至 1.10 mm 时的实测压力值,△B=10～110 kPa。

根据上述参数,可分别绘制 P_0、P_1、$\triangle P$(即 $P_1 - P_0$)与深度 H 的变化曲线,由于扁铲侧胀试验点的间距为 0.2 m,因此各试验孔绘制的 P_0-H 曲线、P_1-H 曲线和 $\triangle P$-H 曲线就是较为完整的连续曲线,$\triangle P$-H 曲线与静探曲线非常一致。

扁铲侧胀试验测求地基土水平基床系数 K_H 可由公式

$$K_H = \triangle P / \triangle s \tag{4-9}$$

式中:$\triangle P$、$\triangle s$ 分别为 DMT 的压力增量和相对应的位移增量。

考虑到 $\triangle s$ 为平面变形量时,其值为 2/3 中心位移量。把扁铲试验的应力和应变用双曲线拟合时,地基土水平基床系数 K_H 为:

$$K_H = 955 \triangle P \tag{4-10}$$

②试验数据分析

依据现场试验结果,BC1、BC2 号试验点水平基床系数随深度变化曲线见图 4-20、4-21。

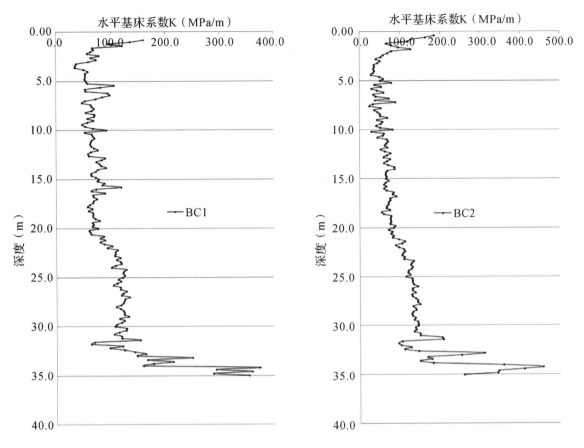

图 4-20　BC1 水平基床系数-深度变化曲线　　　　**图 4-21　BC2 水平基床系数-深度变化曲线**

图 4-20、4-21 显示,沿深度方向水平基床系数在 1.2 m 及 31.4 m 附近位置表现出显著变化,这主要与土体的状态相关,根据试验场地地层剖面图揭露,试验地段上部 0~1.2 m 为可塑状的①₂ 层黏土,1.2~31.4 m 为流塑状的淤泥质粉质黏土,31.4~35 m 为可塑状黏土,土体越坚硬,水平基床系数越大。

对于同一种状态的土体,由试验数据可以看出,沿深度方向水平基床系数上部①₂ 层可塑状黏土表现出沿深度的增加而较小的变化趋势;②层淤泥质粉质黏土下部土体水平基床系数随深度的增加而增加,但上部土体的水平基床系数随深度的增加变化不明显;而对⑤层可塑状黏土,虽表现出随深度增加而增大的趋势,但其为螺旋式增长,即为不同步增长。分析其原因,对于①₂ 层可塑状黏土,由于试验场地稳定地下水位 0.7 m 左右,其上土体含水量低,下部地下水位以下部分含水量高,同时由于毛细水的影响,使地下水位附近的土体含水量位于二者之间,进而表现出水平基床系数随深度增加而同步稳定下降的变化趋势;②层淤泥质粉质黏土从钻探岩芯来看,上部土体性质均较好,变化较小,由此其水平基床系数沿深度方向变化幅度不大,其下部土体物理状态明显好于上部,部分呈软塑状,由此下部土体水平基床系数表现出随深度增大的变化趋势。⑤层黏土结合钻孔岩芯及土试数据表明,其下部状态好于上部,但由于⑤层土体均匀性较差,局部夹有砾、砂颗粒,进而导致水平基床离散性较大。综合分析,水平基床系数的大小与土体状态相关,而与深度的变化没有明显的线性关系。各土层水平基床系数见表 4-16。

表 4-16　水平基床系数表

名称	状态	试验深度（m）	数值（MPa/m）		均值（MPa/m）	取值（MPa/m）
			BC1	BC2		
耕植土	可塑	0.0～0.4	/	/	/	/
黏土	可塑	0.4～1.2	127.6	147.6	137.6	137.6
淤泥质粉质黏土	流塑	1.2～21.2	67.9	61.5	64.7	64.7
粉质黏土	软塑	21.2～31.4	115.5	130.3	122.9	122.9
黏土	可塑	31.4～34.0	165.8	160.6	163.2	163.2
圆砾	中密	35.0～	/	/	/	/

4.3.4　固结试验

（1）试验概况

为测得土体垂直基床系数，对采取的土样进行固结试验，分别取 25～50 kPa 和 50～100 kPa 对应的曲线作为基床系数的取值区间，室内试验设备见图 4-22。

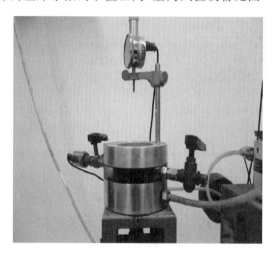

图 4-22　固结试验室内装置图

（2）试验步骤

①在固结容器内放置护环、透水板和薄型滤纸，将带有试样的环刀装入护环内，放上导环，试样上依次放上薄型滤纸、透水板和加压上盖，并将固结容器置于加压框架正中，使加压上盖与加压框架中心对准，安装百分表或位移传感器。

②施加 1 kPa 的预压力使试样与仪器上下各部件之间接触，将百分表或传感器调整到零位或测读初读数。

③确定需要施加的各级压力，本次试验施加压力等级为 12.5、25、50、100、200、400、800 kPa。

（3）试验结果及分析

①部硬壳层试验数据整理及分析

上部硬壳层土样物理力学性质指标及各基床系数见表 4-17。

表 4-17　上部硬壳层土体垂直基床系数

编号	深度（m）	状态	垂直基床系数（MPa/m）			
			25～50 kPa		50～100 kPa	
KC30-1-1	0.55～0.85	可塑	165.5	193.8	130.6	171.7
KC30-2-1	0.50～0.80		182.0		168.0	
KC30-3-1	0.50～0.80		201.5		162.1	
KC30-4-1	0.50～0.80		273.3		212.1	
KC30-5-1	0.70～1.00		170.9		205.8	
KC30-6-1	0.55～0.85		169.4		151.5	

②下部土体试验数据整理及分析

下部土样物理力学性质指标及各基床系数见表 4-18。

表 4-18　下部土体垂直基床系数

编号	深度（m）	状态	垂直基床系数（MPa/m）			
			25～50kPa		50～100kPa	
JC2-1	10.1～10.4	流塑	65.5	77.3	93.7	91.9
JC2-2	10.5～10.8		56.3		72.8	
JC2-4	12.0～13.1		81.1		100.5	
JC2-5	13.3～13.6		89.3		95.1	
JC2-6	14.3～14.6		43.7		59.7	
JC2-8	16.0～16.3		58.3		71.4	
JC2-9	17.0～17.3		60.7		79.6	
JC2-11	19.7～20.0		90.3		98.1	
JC2-12	20.2～20.5		117.0		136.4	
JC2-13	20.7～21.0		111.2		111.7	
JC2-14	22.0～22.3	软塑	118.0	129.2	133.0	134.2
JC2-15	22.5～22.8		140.3		135.4	

编号	深度（m）	状态	垂直基床系数（MPa/m）			
			25～50kPa		50～100kPa	
JC2-16	30.6～30.9		149.0		163.6	
JC2-18	31.65～31.95		211.7		233.5	
JC2-19	32.05～32.35	可塑	211.2	195.3	220.4	226.9
JC2-20	32.45～32.75		226.2		252.9	
JC2-21	32.95～33.25		201.9		235.4	
JC2-22	33.45～33.75		171.8		255.3	

表 4-17、4-18 显示，当 $\sigma_1 = 25$ kPa，$\sigma_2 = 50$ kPa 时，上部硬壳层可塑状黏土垂直基床系数在 165.5～273.3 MPa/m 之间，均值 193.8 MPa/m；下部流塑状土体垂直基床系数在 43.7～117.0 MPa/m 之间，均值 77.3 MPa/m；软塑状垂直基床系数在 118.0～140.3 MPa/m 之间，均值 129.2 MPa/m；可塑状垂直基床系数在 149.0～226.2 MPa/m 之间，均值 195.3 MPa/m。

当 $\sigma_1 = 50$ kPa，$\sigma_2 = 100$ kPa 时，上部硬壳层可塑状黏土垂直基床系数在 130.6～212.1 MPa/m 之间，均值 171.7 MPa/m；下部流塑状土体垂直基床系数在 59.7～136.4 MPa/m 之间，均值 91.9 MPa/m；软塑状垂直基床系数在 133.0～135.4 MPa/m 之间，均值 134.2 MPa/m；可塑状垂直基床系数在 163.6～255.3 MPa/m 之间，均值 226.9 MPa/m。

不同应力取值区间固结试验成果对比见表 4-19。

表 4-19　不同应力区间土体基床系数对比表

状态	应力区间		比值
	25～50 kPa	50～100 kPa	
可塑（硬壳层）	193.8	171.7	1.13
流塑	77.3	91.9	0.84
软塑	129.2	134.2	0.96
可塑	195.3	226.9	0.86

两种应力区间取值对比分析表明，除上部硬壳层外，其余不同状态下的土体，当应力区间取 25～50 kPa 时，其得到的基床系数数值稍小于应力区间取 50～100 kPa 的数值大小。

为便于分析，本课题对于固结法试验的基床系数取值采用 25～50kPa 区间的数值进行对比分析。

4.3.5　K_0 仪固结试验

（1）试验概况

本课题采用 K_0 仪（静止侧压力系数测定仪）的容器取代单杠固结仪的固结容器，重新装配与 K_0 仪容器相匹配的加压框架，并在加压框架上设置用于测定位移的位移传感器，从而实现基床系数的室内测试。其中试验设备图见图 4-23。

图 4-23　K_0 固结法改进设备装置

（2）试验步骤

①K_0 固结仪使用前排除密闭室和侧压力系统的气泡，并检查验证受压室及管路系统不漏水。

②用内径 61.8 mm，高 40 mm 的环刀切取原状土试样，推入 K_0 固结仪容器中，装上侧压力传感器，排除受压室及管路系统的气泡，安装加压框架和位移传感器。

③施加 1 kPa 的预压力使试样与仪器上下各部件之间接触，将位移传感器调整到合适位置。

④确定需要施加的各级压力，压力等级宜为 25、50、75、100、150、200、300、400 kPa。

⑤打开采集处理软件，设置或检查各试验参数，包括施加的各级压力等级、数采时间等。加荷参考了铁路工程地质原位平板载荷试验，再考虑到室内小尺寸试样排水条件优于现场试验，采用 1 小时加荷快速法。

⑥施加第一级压力，退去预压力；根据采集系统提示，施加剩余各级压力直至试验结束。

当土样下沉量基准值 1.25 mm 处对应的压力超过 100 kPa 时，取 100 kPa 处对应的下沉量来计算基床系数，也可以计算 P-S 曲线上直线段斜率作为基床系数。

（3）试验结果及分析

根据整理及修正后数据绘制试样的 P-S 曲线。

从 P-S 曲线得出下沉基准值（$S_s = 1.25$ mm）对应的荷载强度 P，计算各土样基床系数，采用 K_0 仪固结法获得的室内土体基床系数见表 4-20、4-21。

表 4-20　上部硬壳层土体基床系数成果表

编号	深度（m）	状态	基床系数（MPa/m）			
			垂直		水平	
K_{30}-1-1	0.55～0.85	可塑	57.8	73.2	61.7	79.2
K_{30}-2-1	0.50～0.80		88.3		89.3	
K_{30}-3-1	0.50～0.80		90.8		93.7	
K_{30}-4-1	0.50～0.80		73.3		78.6	
K_{30}-5-1	0.70～1.00		50.5		70.9	
K_{30}-6-1	0.55～0.85		78.6		81.1	

表 4-21　下部土体基床系数

编号	深度（m）	状态	基床系数（MPa/m）			
			垂直（K_V）		水平（K_H）	
JC2-6	14.3～14.6	流塑	28.1	50.2	28.1	43.7
JC2-7	15.6～15.9		47.8		57.6	
JC2-8	16.0～16.3		46.3		32.0	
JC2-9	17.0～17.3		37.4		30.5	
JC2-10	17.4～17.7		88.2		69.0	
JC2-11	19.7～20.0		54.2		36.0	
JC2-12	20.2～20.5		56.2		56.2	
JC2-13	20.7～21.0		43.3		39.9	
JC2-14	22.0～22.3	软塑	63.1	64.8	52.2	65.0
JC2-15	22.5～22.8		66.5		77.8	
JC2-16	30.6～30.9	可塑	70.4	98.4	68.0	105.0
JC2-17	31.15～31.45		57.6		79.8	
JC2-18	31.65～31.95		160.1		175.9	
JC2-19	32.05～32.35		94.6		97.5	
JC2-20	32.45～32.75		98.5		107.9	
JC2-21	32.95～33.25		110.3		66.5	
JC2-22	33.45～33.75		97.5		139.4	

从以上测试成果可以看出,由室内 K_0 仪固结法试验得到的上部硬壳层可塑状黏土垂直基床系数 50.5～90.8 MPa/m 之间,均值 73.2 MPa/m,水平基床系数在 61.7～93.7 MPa/m 之间,均值 79.2 MPa/m;下部流塑状垂直基床系数在 28.1～88.2 MPa/m 之间,均值 50.2 MPa/m,水平基床系数在 28.1～69.0 MPa/m 之间,均值 43.7 MPa/m;软塑状垂直基床系数在 63.1～65.5 MPa/m 之间,均值 64.8 MPa/m,水平基床系数在 52.2～77.8 MPa/m 之间,均值 65.0 MPa/m;可塑状垂直基床系数在 57.6～160.1 MPa/m 之间,均值 98.4 MPa/m,水平基床系数在 66.5～175.9 MPa/m 之间,均值 105.0 MPa/m。

4.3.6　室内三轴试验

(1)试验概况

对采取的土样进行三轴试验测定基床系数的方法如下:土样经饱和处理后,在 K_0 状态下进行固结,采用三轴固结排水试验(CD)得到 $\Delta\sigma_3/\Delta\sigma_1 = (0, 0.1, 0.2, 0.3)$ 不同应力路径下的 $\Delta\sigma_1$-Δh 曲线,取其初始段直线(或指定段割线)的斜率。

室内三轴试验过程及数据采集见图 4-24。

图 4-24　室内三轴试验测试设备图

(2)试验步骤

将制备好的 4 个规格为 39.1 mm×80 mm 的三轴试验试件经饱和处理后,按固结排水剪(CD)的要求装入三轴压力室,进行 K_0 固结,设定固结的最终垂向压力 σ_1 为土样的自重压力,K_0 固结完成后,以固结排水剪(CD)的速率要求,缓慢施加垂向压力增量 $\Delta\sigma_1$ 的同时,施加侧向压力增量 $\Delta\sigma_3$;其中侧向压力增量 $\Delta\sigma_3$ 对 4 个试件要求不同,$\Delta\sigma_3/\Delta\sigma_1$ 分别为 0、0.1、0.2、0.3,有峰值时试验控制在 15% 以上,无峰值时至 20% 止。

(3)试验参数设置

试验有关参数设置初定要求见表 4-22。

表 4-22 试验参数设置表

样品类别	试验围压(kPa)	$\Delta\sigma_3$(kPa)	终止应变%	切线法取值	割线法取值 1.25 毫米处
1～9 号:淤泥质粉质黏土	5H＋20	3	3.2(3～5)	第 1～3 或 2～4 点,取大值	1.56% 对应的第 1～21 点
10～15 号:粉质黏土	5H	5	同上		
16～22 号:黏土	5H	5			
表层硬土	10H	5			

(4)基床系数取值

按照规范相关要求,以上四种不同应力路径下的三轴试验(CD 剪),得到 $\Delta\sigma_1'$-Δh 曲线,求得初始切线模量或某一割线模量的平均值,即为基床系数 K。

基床系数求取方法,由于不同土类曲线形态会有较大差别,用切线或用割线,以及割线具体位置等规范并没有明确说明。本次研究为了使不同方法有可比性,用切线模量来计算基床系数的同时,还提供采用变形 1.25 毫米(应变 1.56%)处的割线模量计算基床系数。其中取值方法曲线见图 4-25。

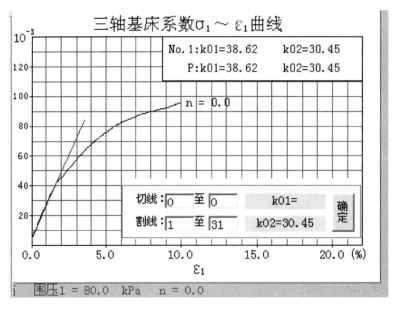

图 4-25 三轴试验取值方法图

(5)试验结果及分析

结合宁波栎社机场三期原状土样,按照上述室内测定方法测定土体基床系数。经实测并结合相关研究成果分析,当 n＝0.2 时,曲线相关性较好,没有呈现出强化或软化的变化趋势,能准确地体现基床系数的数值大小。当 n＝0.2 时,部分基床系数试验结果及土体物理力学性质指标见表 4-23、4-24。

表 4-23　硬壳层可塑状黏土三轴法基床系数(Δσ₃/Δσ₁＝0.2)统计表

编号	状态	垂直基床系数 K_V(MPa/m)	
		切线法	割线法(S＝1.25 mm)
KC30-1-1	可塑	26.2	23.8
KC30-2-1		31.5	28.5
KC30-3-1		16.2	13.8
KC30-4-1		16.9	16.2
KC30-5-1		40.0	39.2
KC30-6-1		25.4	24.6

表 4-24　下部土体三轴法基床系数(Δσ₃/Δσ₁＝0.2)统计表

编号	状态	深度(m)	垂直基床系数 K_V(MPa/m)		水平基床系数 K_H(MPa/m)	
			切线法	割线法(S＝1.25mm)	切线法	割线法(S＝1.25mm)
JC2-1	流塑	10.1～10.4	22.3	21.5	20.8	20.0
JC2-2		10.5～10.8	26.2	25.4		
JC2-3		11.3～11.6	19.2	18.5	24.6	24.6
JC2-4		12.8～13.1	22.3	22.3	30.8	30.8
JC2-5		13.3～13.6	18.5	18.5		
JC2-6		14.3～14.6	20.0	20.0	14.6	14.6
JC2-9		17.0～17.3	18.5	17.7		
JC2-11		19.7～20.0	23.1	21.5	33.8	33.1
JC2-12		20.2～20.5	25.4	23.8	21.5	21.5
JC2-13		20.7～21.0	28.5	25.4	32.3	26.9
JC2-16	可塑	30.6～30.9	162.3	132.0	143.8	115.4
JC2-17		31.15～31.45	68.5	63.8	82.3	73.1
JC2-18		31.65～31.95	123.1	85.4	81.5	76.2
JC2-19		32.05～32.35	113.1	108.0	140.8	118.5
JC2-20		32.45～32.75	134.6	132.0	116.2	98.5
JC2-21		32.95～33.25	102.3	96.2	110.8	97.7
JC2-22		33.45～33.75	130.8	93.8		

　　表 4-23、4-24 数据表明:对于上部硬壳层可塑的黏土,切线法确定的垂直基床系数为 16.2～40.0 MPa/m,均值 26.0 MPa/m;割线法(S＝1.25mm)确定的垂直基床系数为 13.8～39.2 MPa/m,均值 24.4 MPa/m。

　　对于流塑状态的淤泥质土,切线法确定的垂直基床系数为 18.5～28.5 MPa/m,均值

22.4 MPa/m,割线法(S＝1.25 mm)确定的垂直基床系数为 17.7～25.4 MPa/m,均值
21.5 MPa/m;切线法确定的水平基床系数为 14.6～33.8 MPa/m,均值 25.5 MPa/m,割
线法(S＝1.25 mm)确定的水平基床系数为 14.6～33.1 MPa/m,均值 24.5 MPa/m。

对于下部可塑状黏土,切线法确定的垂直基床系数为 68.5～162.3 MPa/m,均值
119.2 MPa/m,割线法(S＝1.25 mm)确定的垂直基床系数为 63.8～132.0 MPa/m,均值
101.6 MPa/m;切线法确定的水平基床系数为 81.5～143.8 MPa/m,均值 112.6 MPa/m,
割线法(S＝1.25 mm)确定的水平基床系数为 73.1～118.5 MPa/m,均值 96.6 MPa/m。
具体数值见表 4-25。

表 4-25 三轴法土体基床系数统计表

状态	垂直基床系数 K_V(MPa/m)				水平基床系数 K_H(MPa/m)			
	切线法		割线法(S＝1.25 mm)		切线法		割线法(S＝1.25 mm)	
	范围	均值	范围	均值	范围	均值	范围	均值
可塑	16.2～40.0	26.0	13.8～39.2	24.4				
流塑	18.5～28.5	22.4	17.7～25.4	21.5	14.6～33.8	25.5	14.6～33.1	24.5
可塑	68.5～162.3	119.2	63.8～132.0	101.6	81.5～143.8	112.6	73.1～118.5	96.6

试验数据综合分析显示,对于同一地质条件和状态下的土体,切线法和割线法得到的
基床系数基本一致,数值差异不大。课题采用切线法得到的基床系数数值进行相关分析。

4.4 基准基床系数取值分析

4.4.1 试验结果及分析

各测试试验方法下土体基床系数实测值统计见表 4-26、4-27、4-28、4-29(固结法取 25
～50 kPa,三轴法取 $\Delta\sigma_3/\Delta\sigma_1＝0.2$)。

表 4-26 基床系数实测值(硬壳层) (MPa·m^{-1})

测试方法 / 基床系数	K_{30}	扁铲侧胀法	K_0仪固结法	固结法	三轴法		最大/最小
					切线法	割线法	
垂直	34.9		73.2	193.8	26.0	24.4	8.0
水平	21.5	137.6	79.2				6.4

表 4-27 基床系数实测值(流塑) (MPa·m^{-1})

基床系数 \ 测试方法	扁铲侧胀法	K_0 仪固结法	固结法	三轴法		最大/最小
				切线法	割线法	
垂直		50.2	77.3	22.4	21.5	3.6
水平	64.7	43.7		25.5	24.5	2.6

表 4-28 基床系数实测值(软塑) (MPa·m^{-1})

基床系数 \ 测试方法	扁铲侧胀法	K_0 仪固结法	固结法	三轴法		最大/最小
				切线法	割线法	
垂直		64.8	129.2		23.8	5.4
水平	122.9	65.0			27.0	4.6

表 4-29 基床系数实测值(可塑) (MPa·m^{-1})

基床系数 \ 测试方法	扁铲侧胀法	K_0 仪固结法	固结法	三轴法		最大/最小
				切线法	割线法	
垂直		98.4	195.3	119.2	101.6	2.0
水平	163.2	105		112.6	96.6	1.7

不同的测试试验方法得到的基床系数(垂直、水平)对比分析显示:相同地质条件及其状态下的地基土基床系数(垂直、水平)存在着较大的差异,最大值与最小值之比为1.7~8.0。以下部可塑状粉质黏土测试试验结果为例,不同的测试试验方法统计所得到的垂直基床系数范围为98.4~195.3 MPa/m,最大值与最小值相差近2.0倍,与经验值范围20~45 MPa/m相比较,其结果同样存在着数倍的差异。由此,如果不采用统一的取值标准,那么对于采用的不同测试试验方法得到的结果在设计上将无法直接应用。

4.4.2 直径效应修正

Terzaghi 认为,基床系数与荷载板的尺寸有关。因此,由不同尺寸载荷试验结果得到的基床系数,按下列公式换算成基准基床系数 K_V。

对于砂砾、砂土,采用公式为:

$$K_V = \frac{(2B)^2}{(B+0.3)^2} K_{V_1} \tag{4-11}$$

对于黏性土,采用公式为:

$$K_V = \frac{B}{0.3} K_{V_1} \tag{4-12}$$

式中:K_V——基准基床系数(MPa/m);

K_{V_1}——边长不是 30 cm 的承压板的静载试验所得到的基床系数(MPa/m),算法同基准基床系数。

B——荷载板直径或宽度(m)。

（1）浅层平板荷载试验修正

浅层平板荷载试验圆形承压板面积 0.5 m²，直径 0.804 m，代入式 4-11、4-12 有：

对于砾砂、砂土，采用换算公式为：

$$k_{30}=k(\frac{2\times0.804}{0.804+0.30})^2=2.121k \tag{4-13}$$

对于黏性土，采用换算公式为：

$$k_{30}=k(\frac{0.804}{0.30})=2.68k \tag{4-14}$$

（2）扁铲侧胀试验结果修正

扁铲试验时将直径 $D=0.06$ m 的圆形钢膜向外扩张，假定在半无限弹性介质中的圆形面积上施加均布荷载 $\triangle P$，依据水平上荷载-位移关系得到水平向基床系数，由此依据式 4-11、4-12 计算有：

对于砾砂、砂土，采用换算公式为：

$$k_{30}=k(\frac{2\times0.06}{0.06+0.30})^2=0.111k \tag{4-15}$$

对于黏性土，采用换算公式为：

$$k_{30}=k(\frac{0.06}{0.30})=0.2k \tag{4-16}$$

（3）固结法基床系数修正

固结试验土样直径即环刀内径为 61.8 mm，透水板直径取 61.5 mm，由此依据式 4-11、4-12 计算有：

对于砾砂、砂土，采用换算公式为：

$$k_{30}=k(\frac{2\times0.0615}{0.0615+0.30})^2=0.116k \tag{4-17}$$

对于黏性土，采用换算公式为：

$$k_{30}=k(\frac{0.0615}{0.30})=0.205k \tag{4-18}$$

（4）三轴法基床系数修正

三轴试样直径与高度 39.1 mm 和 80 mm，由此依据式 4-11、4-12 计算有：

对于砾砂、砂土，采用换算公式为：

$$k_{30}=k(\frac{2\times0.0391}{0.0391+0.30})^2=0.231k \tag{4-19}$$

对于黏性土，采用换算公式为：

$$k_{30}=k(\frac{0.0391}{0.30})=0.13k \tag{4-20}$$

（5）修正数据对比分析

考虑尺寸效应的影响，按相关公式进行直径修正后，各测试试验方法下得到不同状态的土体基床系数见表 4-30。

表 4-30　基床系数修正值　(MPa·m⁻¹)

状态 测试方法	可塑(硬壳层)		流塑		软塑		可塑	
	垂直	水平	垂直	水平	垂直	水平	垂直	水平
K₃₀	34.9	25.5						
扁铲侧胀法		27.5		12.9		24.6		32.6
K₀仪固结法	15	16.2	10.3	9.0	13.3	13.3	19.3	18.1
固结法	35.2		15.8		26.5		40.0	
三轴法	3.2	/	2.5	3.2	3.1	3.5	14.0	12.5
规范建议值	10～25	12～30	1～10	1～12	8～22	12～25	20～45	20～45

对于宁波软土地区表部普遍存在的可塑状硬壳层进行原位测试,以目前最直接有效的 K_{30} 平板载荷试验为基准,其得到的垂直基准基床系数大于经直径修正后的室内试验方法值,与扁铲侧胀原位测试值基本一致,且值接近于经验值的上限;对于采用室内试验所得到的数值明显小于原位测试值。分析表明,对于原位测试,经直径修正后其基准基床系数数值趋于一致,但原位测试与室内试验得到的数值存在较大差异。

采用室内三轴法得到经直径修正后的基床系数均明显偏低,这显然与土体物理力学性质不符,主要是由于室内三轴法所采用的试样尺寸为 39.1 mm×80 mm,虽然高度较大,但其直径偏小,受软土自身工程特性的限制,在室内进行试样制作时对其扰动较大,数值较低;对于可塑状态下的黏性土,由于下部陆相沉积土体物理力学性质好于上部硬壳层,因此其值比其稍大,但两者取值整体上比经验值偏小,同样与制样过程中的人工扰动程度有关。

经直径修正后的 K_0 仪固结法和固结法得到的垂直基床系数,不同状态下数值见表4-31。

表 4-31　K₀仪固结法与固结法垂直基床系数对比表　(MPa·m⁻¹)

状态 测试方法	可塑(硬壳层)	流塑	软塑	可塑	试样尺寸(H×D)
固结法	35.2	15.8	26.5	40.0	20 mm×61.8 mm
K₀仪固结法	15	10.3	13.3	19.3	40 mm×61.8 mm
数值比	2.3	1.5	2.0	2.1	/

表 4-31 显示,对于相同地质条件及状态下两种固结法所得到的垂直基床系数比值为 1.5～2.3,接近于2,其值与试样高度比 1/2 近似于反比例关系。试验数据分析表明,仅将两种固结法得到的基床系数进行直径修正,显然无法统一,应同时考虑试样高度对试验结果的影响。

4.4.3 基于高径比(H/R)的基准基床系数取值分析

(1)基准基床系数的修正公式推导

原位测试与室内试验相比:①原位载荷试验与室内试验尺寸存在差异;②原位载荷试验的压缩层厚度为影响深度范围内的土层厚度,而室内试验的土试样高度 h_0 即压缩层厚度,在假定相同的压板面积下,室内试验下沉量要小。由此,结合试验数据分析,不同测试试验方法得到基床系数存在差异的原因不仅与试样直径有关,还受试样高度(厚度)的影响,因此应综合考虑高径比(H/R)对基床系数取值产生的影响,从而统一修正到以 K_{30} 平板载荷试验为基准基床系数的取值标准。

根据分层总和法单向压缩理论:

$$\Delta s_i = \frac{\Delta P_i}{E_{si}} H_i \tag{4-21}$$

由基床系数取值定义及土体压缩变形特征:

$$K_0 = \frac{P}{S} = \frac{P}{\frac{\Delta P}{E}H} = \frac{PE}{\frac{P+0}{2}H} = \frac{2E}{H} \tag{4-22}$$

根据应力传递原理,当试样高径比 $H/R = 3.7$ 时,试样底部压力 $P_i = 0.1P$,则基床系数表达式为:

$$K_{0.1P} = \frac{P}{S} = \frac{P}{\frac{\Delta P}{E}H} = \frac{PE}{\frac{P+0.1P}{2}H} = \frac{2E}{1.1H} \tag{4-23}$$

由以上可得:

$$K_0 = 1.1K_{0.1p} \tag{4-24}$$

据基床系数取值定义: $K = P/S = P/0.125$,在土体弹性变形阶段,高径比(H/R)越小,土样获得 0.125 cm 的沉降量所需的附加压力 P 值越大,进而得到的基床系数数值也越大。因此,对同一土体基床系数的取值与高径比成反比例关系,由此基床系数 K 与试样高径比为 3.7 时($H/R = 3.7$)的 $K_{0.1P}$ 取值关系为:

$$\frac{K}{K_{0.1P}} \propto \frac{3.7}{H/R} \Rightarrow K = \frac{3.7}{H/R} K_{0.1P} \Rightarrow K_{0.1P} = \frac{H/R}{3.7} K = \frac{H}{3.7R} K \tag{4-25}$$

式中,当 H/R 取 3.7 时,K 亦即为 $K_{0.1P}$。

由此,考虑试样高径比($H/R \leqslant 3.7$)对基床系数的取值影响的基准基床系数修正公式为:

$$K_{30}' = 1.1K_{0.1P}' = 1.1 \frac{H}{3.7R} K = 0.3 \frac{H}{R} K \tag{4-26}$$

式中:K——室内试验直接得到的基床系数;

K_{30}'——修正后的基准基床系数。

对于高径比大于 3.7($H/R > 3.7$)以及原位测试,由于试样或下部影响范围内压缩层厚度较大,可以忽略下部压缩层厚度的变化对测试结果的影响,因此可仅进行直径修正,进而得到土体的基准基床系数。

(2)修正公式的验证分析

采用式 4-26 对室内试验得出的基床系数进行高径比(H/R)修正后,基准基床系数数据见表 4-32、4-33。

表 4-32　垂直基准基床系数对比分析表　（MPa·m⁻¹）

测试方法 ＼ 状态	可塑（硬壳层）		流塑		软塑		可塑	
	直径修正	高径比修正	直径修正	高径比修正	直径修正	高径比修正	直径修正	高径比修正
K_{30}	34.9	34.9						
K_0 仪固结法	15.0	28.3	10.3	19.4	13.3	25.0	19.3	36.5
固结法	35.2	30.6	15.8	14.9	26.5	24.9	40.0	37.7
经验值	10～25		1～10		8～22		20～45	

表 4-33　水平基准基床系数对比分析表　（MPa·m⁻¹）

测试方法 ＼ 状态	可塑（硬壳层）		流塑		软塑		可塑	
	直径修正	高径比修正	直径修正	高径比修正	直径修正	高径比修正	直径修正	高径比修正
K_{30}	25.5	25.5						
扁铲侧胀法	27.5	27.5	12.9	12.9	24.6	24.6	32.6	32.6
K_0 仪固结法	16.2	30.6	9.0	16.9	13.3	25.1	18.1	33.4
经验值	12～30		1～12		10～25		20～45	

分析表 4-32、4-33，经高径比（H/R）修正后，不同测试试验方法得到的不同状态下土体的垂直、水平基床系数趋于一致，下部可塑状黏性土垂直、水平基床系数与经验值吻合，其他各状态土体数值均稍高于经验值的上限。

综合分析表明，宁波软土地区普遍存在的表部硬壳层及流、软塑海相黏性土体的基准基床系数取值均大于经验值。

（3）同一土样基准基床系数的对比分析

同种状态下的土体，采用 K_0 仪固结法所得到的基准基床系数见表 4-34。

表 4-34　垂直基准基床系数与水平基准基床系数对比表

状态	基准基床系数 K/(MPa·m⁻¹)		比值（K_v/K_H）
	垂直（K_v）	水平（K_H）	
可塑（硬壳层）	28.3	30.6	0.92
流塑	19.4	16.9	1.15
软塑	25.0	25.1	1.0
可塑	36.5	33.4	1.1

表 4-34 显示，经高径比（H/R）修正后，对于相同地质条件下及物理状态下的黏性土，各土样的垂直基准基床系数与水平基准基床系数之比为 0.92～1.15；总体分析表明，软土地区土体的垂直基准基床系数和水平基准基床系数之比均接近于 1，二者数值基本相等。

4.5 基准基床系数影响因素分析

4.5.1 试验数据的选取

采取室内固结法和K_0仪固结法得到的同一地质年代和成因的软塑和可塑状土体垂直基床系数经式4-26换算后得到的垂直基准基床系数及各试验土样对应的物理力学性质指标见表4-35。

表 4-35　土样物理力学性质指标及基准基床系数试验成果表

状态	深度(m)	土体物理力学性质参数						基床系数	
		含水量 W	干密度 ρ_d	孔隙比 e_0	塑性指数 I_p	液性指数 I_L	压缩模量 Es	固结法	K_0仪法
		%	g/cm³	/	/	/	MPa	MPa/m	MPa/m
流塑	10.1～10.4	43.8	1.22	1.243	15.4	1.5	2.9	12.9	/
	10.5～10.8	45.9	1.17	1.343	16.5	1.5	2.1	11.1	/
	12.8～13.1	51.6	1.12	1.443	17.9	1.6	2.0	16.0	/
	13.3～13.6	47.4	1.14	1.404	18.7	1.2	2.1	17.6	/
	14.3～14.6	49.7	1.11	1.471	19.9	1.2	2.1	8.6	10.9
	17.0～17.3	45.0	1.21	1.257	18.5	1.1	2.4	11.9	14.5
	19.7～20.0	42.4	1.23	1.230	17.3	1.1	2.4	17.8	21.0
	20.2～20.5	43.3	1.23	1.231	18.2	1.1	2.7	23.0	21.8
	20.7～21.0	46.7	1.19	1.310	19.2	1.1	2.7	21.9	16.8
可塑	30.6～30.9	28.7	1.46	0.862	13.4	0.6	4.9	29.3	27.3
	32.0～32.3	24.6	1.57	0.738	13.2	0.4	6.2	41.6	36.7
	32.4～32.7	23.3	1.63	0.675	13.6	0.3	7.0	44.5	38.2
	32.9～33.2	24.1	1.64	0.655	12.9	0.4	7.2	39.8	42.8
	33.4～33.7	25.1	1.61	0.693	12.8	0.5	7.4	33.8	37.8

利用室内固结法和K_0仪固结法两种方法在室内试验下得到的垂直基准基床系数对比见表4-36。

表 4-36　垂直基准基床系数对比表

序号	土性	状态	垂直基床系数（MPa/m）		比值
			固结法	K₀ 仪法	
1	淤泥质粉质黏土		12.9	/	/
2	淤泥质粉质黏土		11.1	/	/
3	淤泥质黏土		16.0	/	/
4	淤泥质黏土		17.6	/	/
5	淤泥质黏土	流塑	8.6	10.9	0.8
6	淤泥质黏土		11.9	14.5	0.8
7	淤泥质黏土		17.8	21.0	0.8
8	淤泥质黏土		23.0	21.8	1.1
9	淤泥质黏土		21.9	16.8	1.3
10	粉质黏土		29.3	27.3	1.1
11	粉质黏土		41.6	36.7	1.1
12	粉质黏土	可塑	44.5	38.2	1.2
13	粉质黏土		39.8	42.8	0.9
14	粉质黏土		33.8	37.8	0.9

表 4-36 表明，对于流塑状软土，固结法和 K₀ 仪固结法得到的基准基床系数取值范围分别在 8.6～23.0 MPa/m，10.9～21.8 MPa/m 之间，其数值区间基本一致，对于同一土样，两种方法得到的基准基床系数比值在 0.8～1.3 之间；对于可塑状粉质黏土，前者得到的垂直基准基床系数数值范围为 29.3～44.5 MPa/m，后者数值范围 27.3～42.8 MPa/m，比值在 0.9～1.1 之间。试验数据表明，经修正后两种室内试验方法得到的区间基本一致，同一土样试验结果比值接近于 1，差异性较小，成果可靠，两种方法均能较好地对土体垂直基床系数进行室内试验测试。

4.5.2　基床系数影响因素分析

（1）土体深度对基准基床系数的影响

不同状态下土体垂直基准基床系数数值与土样深度关系曲线见图 4-26、4-27。

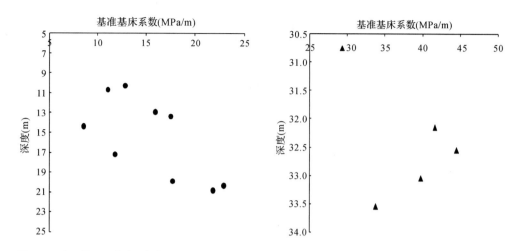

图 4-26　流塑状土样基床系数与土样深度关系曲线　　图 4-27　可塑状土样基床系数与土样深度关系曲线

从图 4-26、4-27 土体垂直基准基床系数与土样深度曲线关系分析,对于上部流塑状淤泥质土体,其垂直基准基床系数随着土样深度的增加呈现出同步增长的变化趋势,即土样深度越大,其数值亦越大;而对于下部可塑状粉质黏土,其垂直基准基床系数与土样深度的增长无明显的线性关系,曲线呈现出无规律的折线关系,即为不同步增长。分析其原因,对于上部淤泥质粉质土,根据地质成因及沉积年代分析,深度越大,越先沉积;沉积年代相对较长,密实度相对较大,固结程度相对较好。从现场钻探岩芯分析,上部淤泥质土体性质均较好,变化较小,由此土样深度越大,土体的垂直基准基床系数亦越大,即室内试验结果呈现出其垂直基准基床系数沿深度方向逐步增大的变化趋势。

而对于下部可塑状粉质黏土,由于沉积年代普遍较久,沉积环境为陆相,且一般埋藏深度较大,上部覆盖层厚度大,在自重压力作用下固结程度较好,一般为正常固结土,故其物理力学性质沿深度方向异性不大,因此对于同一沉积环境及沉积年代的可塑状黏土,其垂直基准基床系数的大小随其埋藏深度的增加,线性增长关系不明显。结合钻孔岩芯表明,其均匀性较差,局部夹有砾、砂颗粒,由此室内试验成果显示其垂直基准基床数值离散性较大,且无明显的分布规律。

综合分析表明,由于沉积环境、年代及成因的不同,对于上部淤泥质土,其垂直基准基床系数随深度的增加表现出同步的线性增长关系,而下部可塑状粉质黏土垂直基准基床系数的大小与土样深度无明显的线性关系。

(2)土体物理性质对基床系数的影响

土体垂直基准基床系数与土体物理性质指标的关系见图 4-28 至图 4-31。

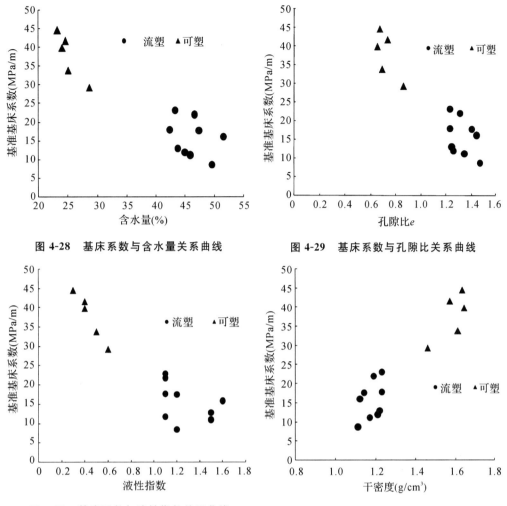

图 4-28　基床系数与含水量关系曲线　　　图 4-29　基床系数与孔隙比关系曲线

图 4-30　基床系数与液性指数关系曲线　　图 4-31　基床系数与土样干密度关系曲线

图 4-28 至图 4-31 曲线变化趋势显示,土体的含水量、孔隙比、液性指数等三项物理性质指标的变化趋势与土体垂直基准基床系数的变化趋势趋于一致,即随着指标的增大,土体垂直基准基床系数均呈现出同步减小的变化趋势;与图 4-31 土体的垂直基准基床系数与土样干密度的变化呈现出同步增长的变化趋势相反。数据分析表明,土体物理性质指标越好,其垂直基准基床系数的取值越大,反之越小。

(3)土体力学性质对基床系数的影响

垂直基准基床系数与土样压缩模量的变化曲线见图 4-32。

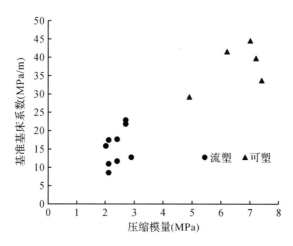

图 4-32 基床系数与压缩模量关系曲线

图 4-32 显示的土体垂直基床系数与压缩模量的关系与图 4-31 呈现出接近一致的变化趋势,即土体垂直基床系数随其压缩模量增长而呈现出同步增长的变化趋势。

结合表 4-35 土体物理力学性质试验成果综合分析,对不同状态下的土体,其垂直基床系数与其所处的深度呈现出不同的线性关系;土体的物理力学性质指标对土体垂直基准基床系数的大小起着一定的决定作用,且指标与垂直基准基床系数之间存在着一定函数关系。

4.6 本章小结

4.6.1 结论

(1)通过对 K_{30} 荷载试验装置的改进,可以对宁波地区表部普遍存在的①$_2$ 层可塑状黏土的基准基床系数(垂直、水平)进行准确的测定,以满足岩土工程设计的要求。

(2)室内试验中,采用改进后的 K_0 仪固结法可以较好地实现对土体基床系数的测试;对于固结试验,当应力区间取 25~50 kPa 时,其得到的基床系数数值稍小于应力区间取 50~100 kPa 的数值;三轴试验采用切线法和割线法得到的基床系数数值趋于一致,但由于试样尺寸限制,在试样准备过程中易对软土造成较大的扰动,导致得到的基床系数数值显著偏低。

(3)对于采用不同的测试试验方法得到的基床系数(垂直、水平),由于受尺寸效应的影响,导致同一地基土的基床系数存在着很大的差异,因此必须统一到以 K_{30} 为基准基床系数的标准,才可进行对比分析。

(4)对于表层硬壳层,可以采用 K_{30} 荷载试验、固结试验及扁铲侧胀试验综合确定土体基准基床系数;对于下部土体,可以采用扁铲侧胀试验及 K_0 仪固结试验对不同状态下的土体的水平、垂直基准基床系数进行综合分析。

(5)在基准基床系数的室内试验取值中,当试样 $H/R \geqslant 3.7$ 时,仅需考虑半径的影响进行取值修正;当 $H/R < 3.7$,需同时考虑试样的高度、半径的影响进行取值修正;建立的基于高径比(H/R)修正公式,经过验证可以较好地对宁波软土地区土体的基准基床系数进行修正。

(6)宁波软土地区普遍存在的表部硬壳层及流、软塑状海相黏性土土体基准基床系数均稍高于经验值;同一土样的垂直基准基床系数与水平基准基床系数在数值上基本一致,其比值趋近于 1。

(7)对于上部流塑状淤泥质黏土,其垂直基准基床系数随深度的增加表现出同步的线性增长趋势,而下部可塑状粉质黏土其取值与土样深度无明显的线性关系。

(8)土体含水量、孔隙比、干密度、液性指数、压缩模量等物理力学性质指标对土体基床系数的大小起着一定的决定作用,且之间存在着一定的函数关系;对于同一种状态的土体,基准基床系数的具体取值应结合其物理力学性质指标的大小综合考虑,从而得到准确、可靠的参数数值,以满足设计的要求。

4.6.2　建议

由于本次室内试验数据有限,本课题仅依据宁波栎社机场三期工程对基准基床系数的测试方法及结果进行统计分析,不足之处在所难免。鉴于宁波市地下空间开发及轨道交通等的建设规模日益扩大,关于土体基准基床系数的研究应在以下几个方面进行。

(1)相对于利用旁压试验或水平静载受荷桩反算等其他原位测试水平基床系数手段,扁铲侧胀试验具有耗时短、费用低,且扁平状侧头对土的扰动性小,可连续地反映出土性随深度的变化情况等特点。

(2)固结法室内测试基床系数,具有时间上的优越性,可以考虑对试样尺寸进行适当调整,以便满足试验数据要求。但对于固结压力段(25~50、50~100 kPa)取值不同,会造成得到的基准基床系数稍有差异,其具体取值区间尚待进一步的研究。

(3)K_0 仪固结法能够较好地测定室内水平、垂直基床系数,下一步可以结合宁波轨道交通工程勘察进行实践验证。

(4)对适应宁波软土地区不同状态土体的测试方法(原位测试、室内试验)进一步推广应用,进一步规范测试方法和技术要求;文中建立起的考虑高径比(H/R)的土体基床系数的修正公式应在后期岩土工程勘察中实践验证;制定宁波地区统一的土体基准基床系数的测试和取值规程。

第5章 不同测试方法的海相软土电阻率测试研究

5.1 概述

土壤电阻率是土壤在单位体积内的正方体相对两面间在一定电场作用下对电流的导电性能,是表征土壤导电性的基本参数,是接地工程计算中一个常用的参数,直接影响接地装置接地电阻的大小、地网地面电位分布、接触电压和跨步电压。由于土壤的复杂性,土壤电阻率受土性参数影响较大,如土的孔隙率、孔隙形状、孔隙液电阻率、饱和度、含水量、固体颗粒成分、形状、定向性、胶结状态、温度等,土的电阻率及其相关指标的变化规律一定程度上可以反映土体物理力学性质指标的变化规律,也可反映土的一些特殊性质,如土的污染特征、地基液化特征等。

电阻率的测试通常可包括室内测试以及野外现场测试两种,室内测试多采取四极法,野外测试主要有电测井法、孔压静力触探法。

宁波轨道交通工程车站与区间电阻率均采用电测井方法进行测试,而变电站按电力设计院要求均进行大地剖线电阻率测试。采用四极垂向电测法测定的相同深度的土壤电阻率值比电测井法测定的土壤电阻率值大 40%～60%。

不同方法所测得的土壤电阻率值具有一定的差异性,哪种方法所测的土壤电阻率值最能反映土壤真实性状?哪种方法所测值对该工程具有较好的适应性?目前关于以上两个问题的研究成果较少,因此结合宁波轨道交通沿线工程勘察工作,开展"基于不同测试方法的宁波海相软土电阻率测试研究",具有一定的创新及实践意义。

5.2 主要研究工作

5.2.1 电阻率测井试验

电阻率测井是地球物理测井中最基本最常用的测井方法,它根据岩石导电性的差别,测量地层的电阻率,在井内研究钻井地质剖面。其主要工作原理是:把一个普通的电极系

(由三个电极组成)放入井内,测量井内岩石电阻率变化的曲线。在测量地层电阻率时,因受井径、泥浆电阻率、上下围岩及电极距等因素的影响,测得的参数不等于地层的真电阻率,而是被称为地层的视电阻率。因此普通电阻率测井又称为视电阻率测井。

课题组测试土壤电阻率采用电阻率测井仪及其配套装置软电极,利用预先钻探形成的钻孔,将软电极(接电缆)放入测试深度,地面仪器连接井下电极系,并配套 PC 机使用,采用自适应供电方案,通达软电极向井下岩层供电,从下到上按 0.4~0.5 m 间隔测量地层的电场信号。该仪器可以同时记录两条视电阻率曲线(梯度电阻率+电位电阻率),获取视电阻率及自然电位等参数。

课题组选取轨道交通 4 号线、5 号线典型场地开展电阻率测井试验并对比收集了前期 1 号线、2 号线、3 号线资料,主要工作量为 4 号线 12 个电阻率测井,5 号线 34 个电阻率测井,共取得 3580 组数据。

课题组在取得数据后,进行数据处理工作,最终得到每个测井的电阻率曲线图(图 5-1),并将轨道交通 4 号线、5 号线典型工点电阻率数据进行对比分析(表 5-1)。

从表 5-1 中可以分析得出:

(1)在竖向上,沿深度自上至下,土壤电阻率一般是减小的,但下部变化不明显,测试结果趋同。

(2)除平原区浅部填土电阻率稍高外,地下水位以下土层电阻率一般较低,反映了其低电阻率特性。

(3)在横向上,同一土层电阻率相差较大,离散性明显,特别是早期的 1 号线测试值明显高出其他各线。

综上分析,钻孔电测井法测量土壤电阻率存在一定的局限性,测试值比较混乱,无法确定本地区土层的视电阻率经验值,测试仅仅为了完成技术要求规定的工作量,缺少借鉴意义,有必要进一步探索更有效的测试技术和提高测试准确性。

表 5-1 宁波轨道交通工程典型工点土壤电阻率测试值对比表

层号	土层名称	土层状态	线路及工点 测试值 (Ω·m)	1 号线 市府站	2 号线 S11	3 号线 S25	4 号线 S24	5 号线 S19
①₁	杂填土	松散~稍密			11.20		6.56	6.00
①₂	黏土	可~软塑					5.54	5.33
①₃	淤泥质黏土	流塑		21.0	9.50	8.80	5.55	5.27
②	淤泥质粉质黏土	流塑		21.0	6.80	3.00	5.13	4.84
③₁	黏质粉土	稍密		10.3	7.10			5.08
③₂	粉质黏土	流塑		16.7	5.20	2.90	5.12	4.86
④₁	淤泥质粉质黏土	流塑		24.3	5.30	3.10	4.79	
④₂	黏土	软塑		26.6		3.00	3.97	4.75
⑤₁	黏土	可塑		14.1	5.50	3.20		

层号	土层名称	土层状态	线路及工点 测试值 （Ω·m）	1号线 市府站	2号线 S11	3号线 S25	4号线 S24	5号线 S19
⑤₂	粉质黏土	软～可塑		15.1	4.90	2.90		4.37
⑤₃	黏质粉土	中密				2.70		
⑤₄	粉质黏土	软塑		21.1		2.60		

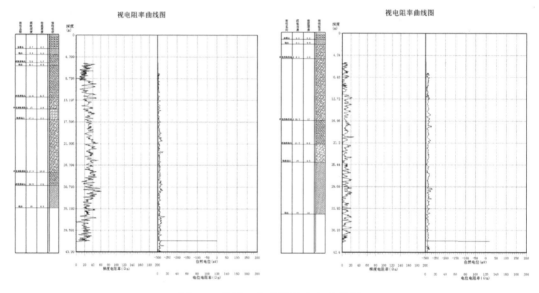

图 5-1　典型工点土壤电阻率曲线图

电测井法测试土壤电阻率是一种比较成熟的技术方法，但由于受钻孔成孔质量、孔内泥浆、操作人员素质、设备状况等因素影响，其测试效果和数据存在一定局限性，主要表现在：

（1）钻孔成孔垂直度、孔壁稳定性、软土缩径、掉块等直接影响软电极是否能够顺利下放，特别是软土缩径，因软电极较轻，往往质量较大的钻具能轻易下放，而软电极始终无法放入，致使测试多次反复，甚至无法正常进行。另外，即使正常下入至设计深度，也有可能因掉块卡住无法上提测试，最坏的结果是放弃孔内电缆及软电极，造成经济损失。

（2）宁波平原为典型软土地区，钻探常采用冲洗回转钻进，软土自造浆导致孔内浆液浓度较高，同时由于滨海地区地下水位埋藏很浅，无法通过泵抽汲干净，孔内测试的软电极始终处于浓度较高的泥浆中，孔壁亦被泥皮包裹，通过软电极向土层供电测试土体电阻率亦包括了泥浆和泥皮的电阻影响，其测试值失真，不能完全代表土壤电阻率测试的真实值，有效性值得怀疑。

5.2.2　对称四极垂向电测法试验

不同地层或同一地层由于成分或结构等因素的不同,而具有不同的电阻率,对称四极法是通过接地电极将直流电供入地下,建立稳定的人工电场,在地表观测某点在垂直方向的电阻率变化,从而了解地层土壤电阻率的分布特点。

课题组于宁波轨道交通 2 号线 1 期夏禹路主变及 1 号线 2 期大碶主变开展对称四极轴向电测法试验的研究。现场试验结果整理后如表 5-2、表 5-3 所示:

(1)电阻率随深度增加而降低,且电阻率值变化幅度较小。

(2)其测深深度由 10～20 m 不等,深度较浅。

(3)四极垂向电测法测得数据相比差距不大。

表 5-2　2 号线一期夏禹主变四极垂向电测法场地电阻率测试成果

层号	①$_2$		②					③$_2$
平均值	17.68		10.45					5.64
深度(m)	1	2	3	4	5	10	15	20
$\rho_s(\Omega \cdot m)$	18.54	16.81	14.56	12.71	10.69	8.08	6.20	5.64

表 5-3　1 号线二期大碶主变四极垂向电测法场地电阻率测试成果

层号	①$_2$		②	
平均值	11.3		7.2	
深度(m)	1	2	5	10
$\rho_s(\Omega \cdot m)$	11.7	10.9	8.7	5.7

5.2.3　电阻率孔压静力触探试验(RCPTU)

课题试验所用孔压静力触探仪为美国原装进口多功能数字式车载 CPTU 系统,配备了最新的多功能数字式探头。系统由钻探车、孔压静力触探系统两部分组成,配备有四功能 5 吨、10 吨、15 吨、20 吨数字式孔压探头,具有常规 CPT、孔压、倾斜、地震波和电阻率功能模块,E4FCS 实时数据计算机采集系统,CONEPLOT 及 CLEANUP 数据处理软件。

多功能数字式探头采用紧凑简洁、坚固耐久的设计模式,实现了孔下探头中的模一数转换,单探头中传感器实现了多样化,现场测试具有高效性。多功能 CPTU 探头的数字化、多功能与多参数的优点彻底消除了测试时电缆阻力、噪音影响,可进行温度、倾斜校正,保证了测试精度。探头规格符合国际标准:锥角 60°,锥底直径 35.7 mm,锥底截面积为 10 cm²,侧壁摩擦筒表面积 150 cm²,孔压测试元件厚度 5 mm,位于锥肩位置(u_2 位置)。电阻率传感器由 4 个铜质电极及内部电路系统组成,同步连续测量中间两电极间的电压降,并计算出电极周围土体的电阻率。探头贯入速度为 2 cm/s,每 5 cm 记录一组数据。

现场 RCPTU 试验共有测试孔 5 个,孔号分别为 RCPTU 1、RCPTU 2、RCPTU 3、RCPTU 4、RCPTU 5,测深 132.75m,得到电阻率数据 2655 组。表 5-4 列出了 5 个 RCP-

TU 孔各土层的电阻率测试值。电阻率随深度变化见图 5-2。

表 5-4 宁波地铁 5 号线腊梅路站场地土层电阻率计算结果

(a)采用 CPTU 测试资料对 RCPTU 1 土层电阻率 ρ 计算表

层号	土名	层顶(m)	层底(m)	ρ 测试结果(Ω·m)
1	黏土	0.0	1.1	11.44
2	淤泥质黏土	1.1	19.0	9.61
3	黏土	19.0	24.4	7.55
4	粉砂	24.4	27.3	8.06

(b)采用 CPTU 测试资料对 RCPTU 2 土层电阻率 ρ 计算表

层号	土名	层顶(m)	层底(m)	ρ 测试结果(Ω·m)
1	黏土	0.0	1.6	10.61
2	淤泥质黏土	1.6	19.1	8.17
3	黏土	19.1	24.5	7.02
4	粉砂	24.5	26.0	7.80

(c)采用 CPTU 测试资料对 RCPTU 3 土层电阻率 ρ 计算表

层号	土名	层顶(m)	层底(m)	ρ 测试结果(Ω·m)
1	黏土	0.0	0.8	15.20
2	淤泥质黏土	0.8	22.6	7.73
3	黏土	22.6	24.7	6.64
4	粉砂	24.7	25.2	7.24

(d)采用 CPTU 测试资料对 RCPTU 4 土层电阻率 ρ 计算表

层号	土名	层顶(m)	层底(m)	ρ 测试结果(Ω·m)
1	黏土	0.0	1.0	15.49
2	淤泥质黏土	1.0	24.1	8.28
3	黏土	24.1	27.3	7.37
4	粉砂	27.3	27.85	6.88

(e)采用 CPTU 测试资料对 RCPTU 5 土层电阻率 ρ 计算表

层号	土名	层顶(m)	层底(m)	ρ 测试结果(Ω·m)
1	黏土	0.0	1.0	16.77
2	淤泥质黏土	1.0	23.8	8.11
3	粉质黏土	23.8	25.6	7.17
4	粉砂	25.6	26.4	7.19

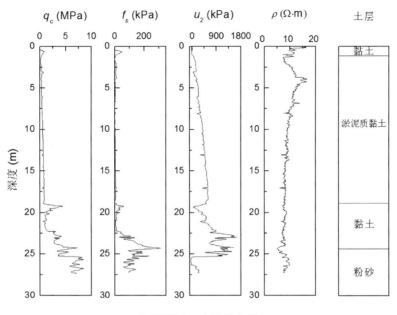

RCPTU 1　土层划分图

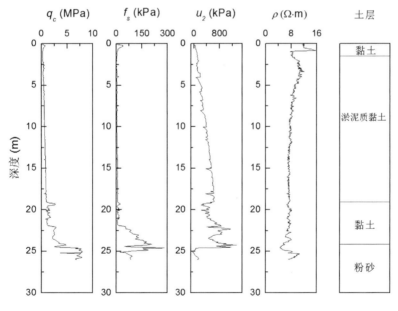

RCPTU 2　土层划分图

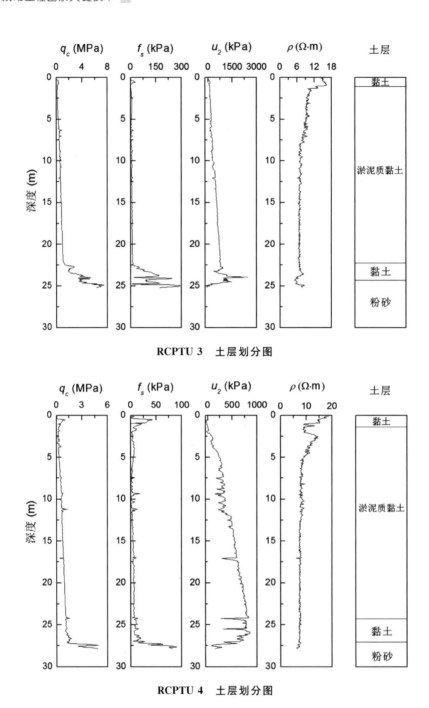

RCPTU 3 土层划分图

RCPTU 4 土层划分图

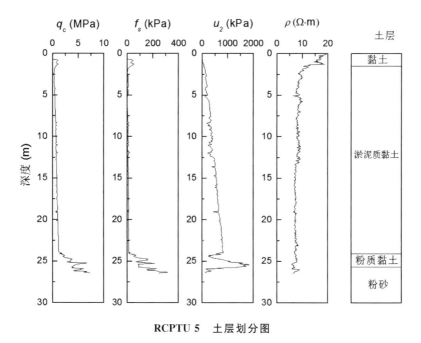

RCPTU 5　土层划分图

图 5-2　基于 RCPTU 测试的土层划分图

5.2.4　室内土壤电阻率测试

室内土壤电阻率测试方法为 Wenner 等距四极法,测试用仪器为接地电阻测试仪。对附近场地所取的原状土样进行了室内土壤电阻率测试,结果见表 5-5。

表 5-5　室内土壤电阻率测试成果表

取土场地	土样原号	样底深度 （m）	土　名	土壤电阻率 $\rho(\Omega \cdot m)$
1 宁波某供水场地土样	D1ZK72-1	1.00～1.30	褐黄色含砾粉质黏土	442.2
	D1ZK72-2	1.70～2.00	褐黄色含砾粉质黏土	582.8
	CZK111-1	1.00～1.30	灰色淤泥	10.3
	CZK111-2	1.70～2.00	灰色淤泥质黏土	6.9
	CZK200-1	1.00～1.30	灰色淤泥质黏土	12.8
	CZK200-2	2.20～2.50	灰色淤泥质黏土	9.9
2 浙江某管道路由场地土样	ZK3-1	0.65～0.95	灰色淤泥质黏土	3.7
	ZK3-2	2.15～2.45	灰色淤泥质黏土	3.9
	ZK5-1	0.65～0.95	灰色淤泥质黏土	4.1
	ZK5-2	2.15～2.45	灰色淤泥质黏土	4.1
	ZK6-1	0.15～0.45	灰色淤泥	4.1

取土场地	土样原号	样底深度 （m）	土　名	土壤电阻率 ρ(Ω·m)
2 浙江某管道路 由场地土样	ZK6-2	2.45～2.75	灰色淤泥	4.4
	ZK7-1	0.65～0.95	灰色淤泥质黏土	6.6
	ZK7-2	2.15～2.45	灰色淤泥质黏土	5.5

由上表可以看出,含砾粉质黏土、褐黄色黏土的土壤电阻率较大,灰色淤泥质黏土(淤泥)的土壤电阻率则很小。

5.3　土壤电阻率影响因素关系

基于腊梅路站场地 RCPTU 试验及室内土工试验结果,分析土壤电阻率与土体物理力学性质参数之间的关系。根据现场勘察结果,腊梅路站场地表层存在硬壳层,其下为软土层。软土层主要为①$_2$层黏土,②$_2$淤泥质黏土,⑤$_1$层黏土及⑤$_3$层粉砂。表5-6 为各土层主要物理力学性质指标。

表 5-6　主要土层物理力学性质指标汇总

土层编号	土层名称	含水率 w(%)	重力密度 γ(kN/m³)	孔隙比 e	饱和度 Sr(%)	液限 w_L(%)	塑性指数 I_P
①$_2$	黏土	30.7	19.2	0.852	96.5	40.4	17.2
②$_2$	淤泥质黏土	51.3	17.1	1.447	97.8	45.4	20.7
⑤$_1$	黏土	27.7	19.8	0.766	99.4	38.4	17.7
⑤$_3$	粉砂	27.5	19.4	0.775	97.3		

（1）电阻率与含水率

电阻率与含水率相关性研究最早应用于石油领域。如今,许多学者在污染土壤等相关领域对土壤电阻率与含水率相关性也做了深入研究。一般认为,随着含水率增加,土壤电阻率有所降低。当含水率较小时(小于 12%),土壤处于干燥状态,电阻率很高,含水率的变化对电阻率影响较大。当含水率较高时,其变化对电阻率的影响相应减小。图 5-3 为电阻率与含水率关系图。从图可以得出以下结论,宁波地区土壤电阻率与含水率有较好的对应关系:随着土壤含水率增加,电阻率降低。在①$_2$层黏土与②$_2$层淤泥质黏土中,含水率较低时,电阻率下降幅度较大,含水率较高时,电阻率下降趋势明显减缓。而在⑤$_1$层黏土与⑤$_3$层粉砂中,含水率虽随土壤电阻率降低而下降,但其下降幅度较小。

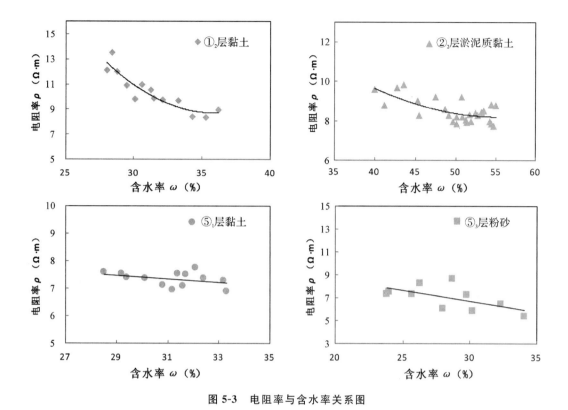

图 5-3　电阻率与含水率关系图

（2）电阻率与重度

一般来讲，土壤电阻率随重度的增加而减小。土壤重度大意味着土颗粒密实度大，接触点多，从而增强土壤的导电性能，土壤电阻率随之降低。图 5-4 为电阻率与土壤重度关系图。从图 5-4 中可以看出，①$_2$ 层黏土与②$_2$ 层淤泥质黏土其电阻率与重度相关性不明显，甚至有相反的趋势。这是由于在这两种土壤中虽然重度对电阻率有一定的影响，但影响作用不明显，甚至被其他因素所抵消。⑤$_1$ 层黏土与⑤$_3$ 层粉砂中，电阻率随着重度的增加而明显降低，其线性相关性较好。

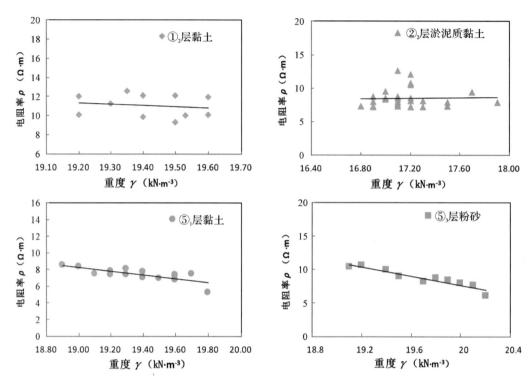

图 5-4　电阻率与重度关系图

（3）电阻率与孔隙比

孔隙比是影响土电阻率大小的重要土体结构参数之一，孙树林指出黏土电阻率与孔隙比相关关系是：随着孔隙比的增加，电阻率先是平缓增加，后当孔隙比增加至 0.83 %，电阻率随着孔隙比的增加迅速增加，呈指数增大关系。图 5-5 为孔隙比与电阻率关系图。①₂ 层黏土电阻率与孔隙比成指数增大关系。⑤₁ 层黏土与⑤₃ 层粉砂由于孔隙比较小，随着孔隙比增大，电阻率平缓增加。这是由于土的孔隙比越小，其孔隙的连通性越好，孔隙水的连续性就越好，导致孔隙水导电能力增强，土的电阻率降低。②₂ 层淤泥质黏土电阻率与孔隙比具有一定的线性相关性，但其相关系数较小，这是由于淤泥质黏土孔隙比相对较大，其孔隙几乎全被孔隙水所占据。孔隙水的影响作用较大，将孔隙比对电阻率的影响作用抵消。

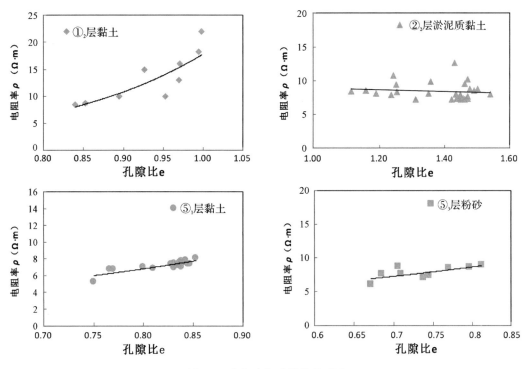

图 5-5　电阻率与孔隙比关系图

（4）电阻率与塑性指数

蔡国军在对江苏海相黏土电阻率研究的过程中发现：随着塑性指数增加，土壤电阻率逐渐减小。土体塑性指数越大，颗粒越细，其表面积越大，双电子层厚度越大，电阻率越小。图 5-6 为电阻率与塑性指数关系图。腊梅路站场地①₂层黏土、②₂层淤泥质黏土与⑤₁层黏土皆为中塑性土，电阻率数值较低（7～12Ω・m），其电阻率随着塑性指数的增加都有下降的趋势，相关性较强。对图中数据进行多项式趋势拟合，其表达式为

$$y = -0.0309X^2 + 0.9612X + 1.776, R^2 = 0.537$$

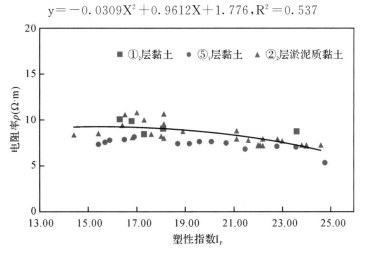

图 5-6　电阻率与塑性指数关系图

（5）电阻率与压缩模量

基于 RCPTU 资料估计土的压缩模量 E_s，可以表示成净锥尖阻力 q_n 的函数，因此文章中各土层的压缩模量数据来自 RCPTU 试验数据解译结果。图 5-7 为电阻率与压缩模量关系图，电阻率随压缩模量的增加而增加。其相关系数较大：①$_2$ 层黏土 $R^2=0.7867$；②$_2$ 层淤泥质黏土 $R^2=0.9193$；⑤$_1$ 层黏土 $R^2=0.9912$；⑤$_3$ 层粉砂 $R^2=0.9974$。①$_2$ 层黏土、②$_2$ 层淤泥质黏土其压缩模量较小，电阻率随压缩模量的增加呈指数增长。⑤$_1$ 层黏土与⑤$_3$ 层粉砂其电阻率随压缩模量增加而缓慢增加，其增加的趋势逐渐减缓。产生这种差异的原因是多方面的，最大的原因可能是与土壤的沉积环境的差异有关。

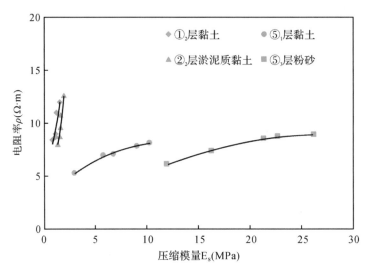

图 5-7　电阻率与压缩模量关系图

（6）电阻率与孔隙液

由于黏土矿物颗粒的表面带电性，围绕土粒形成电场。土粒电场范围内孔隙液中的阴离子、阳离子具有导电性。孔隙液中的离子浓度变化会导致土体电阻率变化。在一定条件下，孔隙液含盐量越大，土壤的导电性越好，土壤电阻率越低。孔隙液中不同离子流动性具有一定的差异，导致其影响电阻率的方式不同。腊梅路站场地⑤$_3$ 层粉砂为较好的含水层，在该层共取 5 组水样进行水质分析，水化学分析显示孔隙液主要的离子成分为 Na^+ 与 Cl^-，该层孔隙水为 Cl-Na 型水，表明宁波海相黏土为较典型的单一 NaCl 型含盐黏土。水样的平均矿化度为 9.88 g/L，为高矿化度水，该层土层平均电阻率为 7.19 Ω·m。图 5-8 为电阻率与孔隙液矿化度关系图，随着孔隙液含盐量增加，土壤电阻率逐渐下降。其下降趋势不明显的原因是土壤孔隙液矿化度整体较高，使得电阻率变化幅度较小。

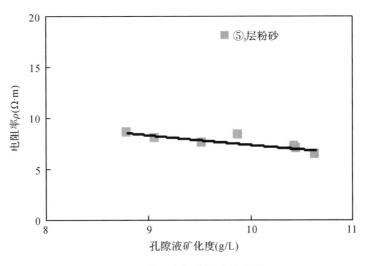

图 5-8　电阻率与孔隙液关系图

（7）成果分析

课题组主要选取土壤含水率、重度、孔隙比、塑性指数、压缩模量、孔隙液 6 项影响因素逐一分析其对土壤电阻率的影响作用大小。其中含水率、孔隙液矿化度、塑性指数为宁波沿海地区电阻率的主要影响因素。

①$_2$ 层黏土、②$_2$ 层淤泥质黏土受土壤含水率影响作用明显：随着土壤含水率增加，电阻率降低；含水率较低时，电阻率下降幅度较大，含水率较高时，电阻率下降趋势明显减缓。场地内不同类型土壤电阻率随着塑性指数的增加都有下降的趋势，趋势较为明显。

⑤$_3$ 层粉砂为较好的含水层，其中孔隙液主要的离子成分为 Na^+ 与 Cl^-，平均矿化度为 9.88 g/L，随着孔隙液含盐量增加，土壤电阻率逐渐下降，高矿化度孔隙液弱化了电阻率的变化趋势。

普遍认为，压缩模量较小时，电阻率随压缩模量的增加而缓慢增加；压缩模量较大时，电阻率随压缩模量增加而急剧增加。本书中的压缩模量与电阻率相关关系与其恰恰相反，这可能是研究范围的局限性造成的。

5.4　不同方法的土壤电阻率测试分析

前文中已经提出，同一地区不同方法测出的电阻率值具有一定的差异，为何会出现这种差异性？课题组就这一问题于轨道交通 5 号线腊梅路站开展电测井与静力触探（RCPTU）电阻率对比试验研究。

（1）电测井数据

根据电测井测试结果可得到视电阻率随深度变化的曲线，试验结果见图 5-9。

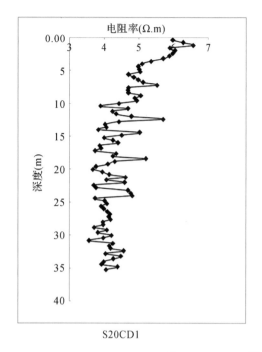

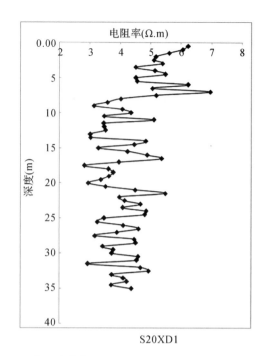

图 5-9　S20CD1 及 S20XD1 电阻率曲线图

各土层的电阻率值见表 5-7。

表 5-7　电测井各土层电阻率测试值

土层 编号	土层名称	深度（m）	电阻率值（Ω·m）
①$_2$	黏土	1.5	5.62
①$_{3b}$	淤泥质黏土	5.5	5.02
②$_{2b}$	淤泥质黏土	9.0	4.20
②$_{2c}$	淤泥质粉质黏土	12.0	4.72
④$_{2a}$	黏土	18.0	4.27
⑤$_{1a}$	黏土	22.0	4.14
⑤$_{3c}$	粉砂	25.0	4.09

（2）电阻率静力触探（RCPTU）数据

前文中已经提及，在腊梅路站场地进行了 5 个孔次的 RCPTU 试验，数据处理结果见表 5-8。

表 5-8　电阻率静力触探（RCPTU）各土层电阻率测试值

土层 编号	土层名称	深度（m）	电阻率值（Ω·m）
①$_2$	黏土	1.5	10.55

续　表

编号 土层	土层名称	深度（m）	电阻率值（Ω·m）
①$_{3b}$	淤泥质黏土	5.5	12.55
②$_{2b}$	淤泥质黏土	9.0	9.06
②$_{2c}$	淤泥质粉质黏土	12.0	8.86
④$_{2a}$	黏土	18.0	7.69
⑤$_{1a}$	黏土	22.0	7.52

（3）数据分析

经过对比分析初步得到以下结论：

①相同深度，相同土壤类型，两种方法所得到的电阻率值具有较大的差异。RCPTU试验所得到的结果普遍比电测井数据要大。

②观察电阻率值曲线可以得出，RCPTU试验电阻率值曲线相对于电测井电阻率值曲线更为合理，震荡幅度较小，测定值更为稳定。

③电测井试验过程中受到的外界干扰以及孔内试验环境影响较大，而RCPTU试验受外部干扰较小，孔内土体为原状土体。

④RCPTU试验较电测井试验相比，试验过程更加合理，数据更加准确。

5.5　本章小结

影响土壤电阻率的主要因素很多，很复杂，大致可分为三类：①土的成分，对测试结果有很大差异；②不同环境条件下，如不同季节、不同时段、不同天气等，需要修正；③不同测试方法，如室内土样分析法、电磁测探法、两极法、三极法和四极法，所测试的结果会有明显差距。

电阻率电测井试验过程中，受到钻孔成孔垂直度、孔壁稳定性、软土缩径、掉块等直接影响较大。特别是软土缩径，会导致软电极始终无法放入。另外，即使正常下入至设计深度，也有可能因掉块卡住无法上提测试。

通过电阻率测井试验、对称垂向四极试验及电阻率孔压静力触探试验（RCPTU）数据对比分析，研究认为电阻率孔压静力触探试验是最适合宁波地区轨道交通工程的电阻率测试方法。

通过对电阻率及土壤土体物理力学性质分析，得到宁波地区土壤电阻率的主要影响因素是含水率、孔隙液矿化度、塑性指数。

第6章　滨海城市海相沉积土中浅层天然气探查

6.1　概述

我国滨海城市多位于地势比较低洼地带,由于其独特的沉积地质环境和沉积历史,软土不仅具有高含水量、高压缩性等特点,同时还蕴含有一类特殊气体——浅层气。浅层气是指地层沉积物中富含的有机质在还原环境下经厌氧微生物作用而形成的富甲烷气体。该气体的存在对工程建设往往存在较大的影响。随着我国滨海城市,尤其是东部沿海和长三角地区的轨道交通工程建设的大规模推进,浅层气问题也越来越成为制约轨道交通工程进展的重要问题,由浅层气而导致的工程事故也成为工程的一大制约因素,甚至在部分地区已成为影响工程进展的主要因素之一。

鉴于第四系浅层气对地下建设工程的危害,必须选用合适的方法查明第四系浅层气的分布范围、成分、气源层和储气层、埋藏深度、压力大小、赋存规律,提供翔实的基础资料,以确保工程施工的安全顺利进行。对于东部沿海工程建设,综合考虑工程受影响范围以及浅层气分布范围,其最主要是在上部海相沉积土层,因而探查海相沉积土层中浅层气分布对东部沿海城市的地下工程建设具有重要意义,是有效保障轨道交通工程顺利进行的重要措施。

6.2　浅层气的分布特性及危害

6.2.1　浅层气的埋藏分布

根据浅层气赋存地质条件以及环境成因,滨海浅层气的赋存因素主要有以下四个:①持续沉降、快速沉积的海相—陆相交互相地层环境;②富含有机质;③具备强还原和近中性的水文地质条件;④适宜的气候温度。

在区域分布上,我国属于浅层气分布较广的地区,尤其是在东南沿海和长三角地区均有较大范围的分布,埋深较浅。通常浅层气分布主要受沉积环境影响,如上海地区古、全新世中晚期海浸的堆积物集中分布于今嘉定、外冈至漕泾一线,因而上海市浅层气被认为主要分布于本市东部的(原)川沙、南汇、奉贤、上海、宝山等县,在市区和崇明等地亦存在;

而浙江省浅层气主要分布于钱塘江、杭州湾两岸、浙东南沿海平原及海域第四纪地层中，其沉积环境主要是海相—海陆交互相，埋藏深度小于 150 m。

在地层分布上，浅层气主要赋存于第四纪全新世地层和下部不同层位，系滨海、河口相沉积，其主要赋存地层为淤泥质土及砂质土层，常夹有条带状或透镜状粉细砂、黏土粉砂薄层或含贝壳泥沙。浅层气通常可分为生气层以及储气层，石油天然气部门的研究表明：生气层必须具备的条件是含有较多的有机质含量，且上层土层（或自身土层）必须具有封闭能力，因此生气层地层多为灰色淤泥及淤泥质土。储气层必须是空隙比较大、渗透性较强的土层，而储气层地层多为砂土、粉土，常见的有三种情况：一是分布于淤泥质土层的粉砂、贝壳夹层中，气源层与含气层相互交错，其赋存特点是含气层连通性差，气压、气量相对较小；二是分布在承压含水层顶板与上覆饱和软土之间的空间内，一般压力较大，具有较好的连通性；三是砂土、粉土层，其粒径相对较大，孔隙率较高，是良好的"储气层"，具有较好的连通性。有时生气层与储气层的区分也不是绝对的，如对于富含腐殖物、具有鳞片状气孔构造或夹薄层粉土粉砂的黏性土层，可以是生气层，是良好的"气源层"；可作为良好的"气体隔断层"，同时由于该层存在储气空间，有时又可作为储气层。所以淤泥质粉质黏土既为生气层又为气源隔断层。

根据浅层气在土体中的赋存形式，可分为吸附气、水溶气和游离气，其分布特征看见表 6-1。

表 6-1　浅层气在土体中的赋存形式及其分布特征

地层岩性	赋存形式	浅层气分布特征		
		游离气	水溶气	吸附气
软土层	游离气＋水溶气＋吸附气	分散小气泡	均匀分布	吸附在黏土矿物表面
粉细砂透镜体和夹层	游离气＋水溶气	气囊	均匀分布	可忽略

根据工程经验，在滨海城市中浅层气分布主要有以下几个特点：①分布范围广，埋深浅；②连通性差；③贮气空间较小（多数气量较小）；④富气性差异大；⑤气压差异大。根据浅层气在土体中的赋存连通状态，可分为完全连通、部分连通、局部连通、完全封闭四种，具体可参见表 6-2。

表 6-2　气相在土体中赋存状态分类表

序号	气相形态	气相在土体孔隙中位置	液相在土体孔隙中位置	气相在土体中的连通性	液相在土体中的连通性	气相与液相的压差	饱和度
①	完全连通	占据了全部大、小孔隙	占据了微孔隙或以湾液面形态存在与土粒接触点周围	在大、小孔隙中完全连通	不连通	大	低
②	部分连通	占据了大孔隙	占据了微孔及小孔	在大孔隙中连通	在小孔隙中连通	较大	较低

续　表

序号	气相形态	气相在土体孔隙中位置	液相在土体孔隙中位置	气相在土体中的连通性	液相在土体中的连通性	气相与液相的压差	饱和度
③	局部连通	仅占据了大孔隙中的部分位置	占据了微孔、小孔、大孔的部分位置	在大孔隙中部分连通	在大、小孔隙中基本连通	中	中
④	完全封闭	以气泡形态密闭于孔隙水中	占据了全部微孔、小孔、大孔	不连通	在大、小孔隙中完全连通	小或无	高

6.2.2　浅层气对轨道交通工程的影响

根据浅层气的空间分布特征,浅层气容易以气囊形式分布于软土层中的粉细砂夹层和透镜体之中。粉细砂夹层和透镜体在地层中是不连续的,因此各个夹层或者透镜体中的气压和气量也各不相同,其危害程度也有差异。

在天然情况下,浅层气在地层中是相对稳定的,但是在施工等工程扰动因素影响下,会产生一系列的影响,诱发一些工程事故。浅层气对工程的影响,主要有以下几类:

(1)浅层气自身成分的影响

浅层气的主要成分是甲烷,当空气中甲烷的浓度达到 5.5%～13.5% 时,极易引起燃烧(如图6-1)。当轨道交通工程施工碰到浅层气,若气压较高,在空间较小的情况下,易产生爆炸,如在地下隧道施工时。同时,由于甲烷比空气轻,一般较易在结构上部聚集,施工人员进入后很可能造成窒息;同时还会造成环境温度升高,恶化施工环境。

(2)含浅层气土层的影响

含浅层气的土层与周围的软土存在较大的物理性质差异,属于不均匀地基。在这类不均匀性地层中进行施工,诸如盾构隧道施工,在盾构推进中极易引起盾头偏心、盾构机蛇形等质量问题,对施工安全和施工质量产生很大的威胁,也为灾害的产生埋下隐患。尤其是对于一些欠固结的软土,其工程差异性及不稳定性更加明显。

(3)对外部环境的反作用

在原始地质环境下,浅层气在地层中的赋存状态是相对稳定的,但是当施工等因素干扰了它的外部环境时,它也对外部环境做出自身的反应,反过来影响外部环境。

①气矛或气锥效应,即浅层气气压大于土压力。主要表现有四个方面:

a."突涌"现象。当施工开挖时,对存在浅层气的下卧土层,如果开挖深度较大,上覆土层较薄,可能会产生"突涌"现象,即上覆土层压力小于浅层气气压而引起基坑底土体隆起破坏并同时发生喷水涌砂等现象。

b."管涌"现象。浅层气被打穿,突然释放,导致周边砂土被气压等横向带出,造成管涌,有时会引起坍塌(如图6-2)。

c. 在工程勘察施工过程中,若刚好钻探孔遇到气囊,则气体会夹杂泥沙和水沿着钻孔快速喷出。当气压较高、气量很大时会严重影响勘察进度,甚至造成爆炸、爆燃等重大工程事故。

d. 对地下结构也造成附加压力,产生附加变形等情况,如已建好的隧道产生位移及失稳等情况。

②气盾效应。由于浅层气多是以气囊形式不均匀分布,对一些施工工艺会形成阻挡效应,主要表现在三个方面:

a. 对注浆工艺的影响。浅层气的存在会干扰阻碍浆液的流动,使得气囊周围及以下软土得不到有效加固而形成注浆缺陷区,影响工程稳定性。

b. 对地下连续墙的影响。在滨海地区轨道交通工程多以地下连续墙来进行基坑防水,浅层气的存在易导致地下连续墙出现缩颈、夹层等问题,从而最终影响防水效果。

c. 对冻结法的影响。浅层气气囊的存在,使得导热系数大幅降低,影响施工冷冻效果,最终影响施工。

③扰动活化效应。当浅层气受到人类工程活动的干扰时,如岩土工程勘察钻探、隧道开挖卸荷、基坑开挖以及机械振动等,其赋存环境,如水压力、土压力及密封性发生了较大改变,浅层气的赋存形态、气压等也将随之而发生变化,从而影响到原有土层性质,主要有以下几个方面:

a. 对气压的影响。施工开挖卸荷作用使得软土中的水压下降,当水压达到水溶气的饱和压力时,原先溶解的水溶气将大量出溶。水溶气的出溶一方面可以补充透镜体和夹层中的气囊,使得气囊的气压增高、气量增大;另一方面,气体的出溶会使得土体有效应力降低,强度降低,压缩性增大。

b. 对上覆土层的影响。在被干扰或被释放时,会对土层产生影响。浅层气的无控释放一方面可能导致水气喷发,带走大量的土颗粒和水,引起流沙及上覆黏土结构破坏,导致土层的剧烈扰动,尤其是敏感性高的软土,会导致土层工程性质恶化,如造成地面塌陷(如图 6-2)。

c. 对下卧土层的影响。浅层气的无控释放也会对下卧持力层产生不同程度的扰动,有可能造成地基砂土层和软土层的剧烈扰动,引起附加沉降和差异沉降,对地铁站结构极为不利,对盾构施工的稳定性造成影响。

图 6-1 浅层气着火

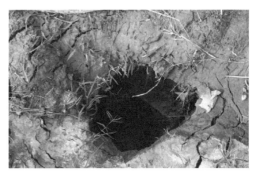

图 6-2 浅层气造成的地面塌陷

综上所述,滨海城市广泛分布的浅层气不仅会给轨道交通工程施工带来不利影响,同时对相关施工人员也会造成威胁;不仅在施工阶段会有影响,在运营阶段也会有不利的潜在因素。

6.3　浅层气的勘察工艺

浅层气勘察中最重要也最基本的是浅层气勘察工艺的选择,下面对勘察工艺进行分析探讨。

6.3.1　现有浅层气勘察工艺

浅层气勘察目前没有专门的设备,常见的探查手段是采用钻探、物探、静探和可燃气体检测报警仪等综合勘探方法进行,物探方法中较为常见的有地震法(横波、纵波)、电法、地质雷达等,此外还有遥感、静电阿尔法(α)薄膜测量、微生物法等,其中最为常见的是钻探、静探、物探,其他方法更多的是应用于浅层气资源探查。

(1)静探及改进静探方法

静探法是一种重要的原位测试方法,当用于浅层气探查时,多采用对静探设备进行改装的方法,通常改装主要在探头以及钻杆上,既可用来探查判别浅层气的存在,同时也可用来浅层气放气。其探查判别方式通常有两种:一种是数值观测法,即根据各传感器的数值变化,如锥尖阻力、摩阻比等数值变化,来判别是否存在浅层气;另外一种是气体观测法,通过探杆的静压和上拔来观测是否有气体溢出来进行判别。

数值观测法即是按常规方法将孔压探头贯入土层中,并按规范要求的速度连续匀速贯入,贯入过程中随时注意探头各传感器数值的变化,如果发现同时出现锥尖阻力(Qc)增大、摩阻比(Fs/Qc)减小、孔隙水压力(U)波动幅度变化小且不出现负的超孔隙水压力的现象,即可初步判断该砂层中可能含有浅层生物气。由于数值观测法无法进行气体采集,同时气压、气量等也只能通过压力平衡的方式进行间接计算,因而多数都采用改装静力触探的方式进行。

气体观测法则是通过静压和上拔探杆来观察是否有气体溢出,来探明地下气体埋藏深度。该方法通常需要对静探设备进行改装,在探杆口连接阀门、压力计和流量计测试地下气体压力和流量,通过输气管到沉淀池,采用直接采气法采集气样。改装后的静力触探仪有多种,其中多是对静探探头和钻杆的改装。较常用的改装是将其探杆改为外径为 42mm 的空心钢管,杆的下端改为花管,并外包滤网,以阻止大的土颗粒进入探杆;探头为锥形活动探头;探头与探杆改为滑动连接,探杆上拔时,借助于周围土体的摩擦力,使探头与探杆分离,有害气体从探杆下部和周围进入探杆。

静探方法同时还被用于浅层气的放气处理过程,但是受限于静探施工方法的局限性,其在水上以及身后填土处往往难以施工。此外静探其口径较小,放气速度较为缓慢,也易于因堵塞而导致放气失败。

(2)钻探方法

钻探方法主要是指通过钻探施工的方法进行浅层气的探查以及判别,正常钻探至含气层时,会产生冒气等现象,从而判别是否存在浅层气。钻探放气模式根据浅层气的储藏方式不同而有所区别,主要有两种方式:

①对于浅层气的气囊、气团和气层,当钻进到设计地层深度时,应放慢钻进速度,一旦刺穿,浅层气就会喷溢,可进行正常有控放气。终孔后,再在孔内设置一根排气花管,作为泄气通道。

②对于含气沉积物,因为浅层气在地层中还没有富集形成局部圈闭的气囊,所以采取逐步钻进并逐步在地层中减压放气的措施,以诱导沉积物中呈溶解状态的浅层气泄出。

由于浅层气气压的未知性,钻探探查方法存在一定的风险,可能会导致喷浆,甚者可能产生火灾等情况。同时钻孔施工方法由于泥浆等影响,对于小气量的浅层气不容易检测出,故钻探方法更多是用于浅层气气体的排放。

(3)物化探方法

物化探方法通常可分为地震勘探以及非地震物化探方法,但这两种方法均只能进行判别,无法进行采样测试,同时对气压等数据也无法进行检测和进行放气处理。这两种方法更多是用于较深层地层的浅层气资源探测。

①地震勘探

地震勘探是根据天然气的成藏原理,即密度小的天然气从生气层中排出,受浮力作用控制沿地层中的孔隙向上运移。在上覆封闭层的封盖作用下不能进一步向上运移或逸散,只能在疏导层中横向运移,在砂层或透镜砂体的顶部汇聚。在浅层气的汇聚过程中,气体的汇聚不断排挤砂层中的原孔隙水所占据的空间,逐渐在砂体的顶部汇聚成气藏,下部砂层的孔隙仍然含水,形成气、水同层的气藏。由于下伏砂层孔隙中含气,其块体密度小,与上覆黏土之间的波阻抗差相对较大,其反射界面在地震剖面上的反射振幅相对较强,这是识别浅层气藏的有利依据。通常有横波和纵波两种:

a. 横波地震采用横向锤击方式激发,其获得的横波地震剖面质量较好,反射特征也较为明显,分辨率较高,但是该方法受地表条件限制多,激发条件差,只能在硬质路面上施工。同时由于该方法野外施工和处理工作量很大,勘探成本高。

b. 高频纵波地震相对横波来说成本变低,但激发方式、激发药量、道距、偏移距等均需要在试验的基础上再加以确定。

②非地震物化探方法

非地震物化探方法主要包括地质雷达、重力负效应、回声测深和声呐、激发极化、油气化探、遥感、静电阿尔法(α)薄膜测量、微生物法等,其中静电阿尔法薄膜测量和微生物方法在浅层气勘探中效果相对较好。静电阿尔法薄膜探测主要是根据地面测得的氡浓度大小来推测浅层气的存在与否;微生物法主要是借助甲烷菌等土壤细菌作为判定指标;电法勘探受控于含气层的厚度以及含气层与含水层的电阻率差值。但这些方法花费较大,经济性较差,更多的是用来探测浅层气资源。

6.3.2　探查及放气工艺比较

根据上述浅层气探查及放气手段的介绍,可以知道浅层气的各种探查方法均有各自的优劣性,为更好地进行浅层气勘察,宜因地制宜,选取相应的手段进行。具体分析见表6-3、6-4。

表 6-3　不同探查施工工艺优缺点比较

施工工艺	优点	缺点
钻探法	操作工艺成熟,口径大,放气速度快	周期长,成本高,对于小气量的浅层气不容易检测出,对于高气压的易产生井喷等事故;无法确定气体形态
静探法	成本低,便于操作,可查明土性,划分土层等,可定性判别是否有气	口径小,气体的排放速度慢,当气压小时容易被气体带出的泥沙淤积了探管的通口,在多层储气层无法判明是哪一层的气;探测深度较浅
地震勘探法	准确度较高,能解释出基岩起伏、小断层等,了解砂体分布情况	只适用于硬质路面,成本较高,同时只能探测而无法采样
静电阿尔法(α)薄膜测量	干扰因素少,灵敏度高,重现性好,现场快速取得结果	无法确定哪层为储气层;无法测定气压;无法取样
电法	轻巧便携,操作方便,施工简单,成本较低	在多层储气层无法判明是哪一层的气;无法测定气压;无法取样;对含气层的厚度小以及含气层与含水层的电阻率差值小难以判别

表 6-4　不同放气施工工艺优缺点比较

施工工艺	优点	缺点
钻孔放气施工	①含气层位置容易控制,出气口大,排放速度快,放气彻底; ②环境及地层条件不受限制,适用性大,并适应水域上施工; ③自上而下,可循环重复放气	①成本高; ②成孔直径大,对于小气量的浅层气不容易检测; ③对地基土扰动较大
静探孔放气施工	①成本低; ②易控制气体的排出量,也容易检出气量较小的气囊体块压力; ③对地基土扰动小	①起拔后不能重新下探,不能循环重复放气,放气不彻底; ②环境及地层条件受限,陆域填土厚度及水上不适宜; ③口径小,气体的排放速度慢,当气压小时易被气体带出的泥沙淤塞出风口

综合以上,可以发现不同的浅层气探查工艺和放气工艺均有各自优缺点,因此对于不同的区域、不同的场地类型以及不同工程的需求不一样,应有针对性地选择相应的工艺进行。

6.3.3　探查及放气工艺选择

浅层气的探查工艺应根据工程需要,同时依据浅层气的分布特点,考虑适用性、经济性以及时间性,进行选择。

首先分析滨海城市浅层气分布特点以及轨道交通工程特点。由于滨海城市场地条件、浅层气的分布埋藏均有其独特的特点,而同时轨道交通工程也同其他工程有着不同的特点,因而滨海城市轨道交通工程浅层气探查与放气有着其自身独特的需求,具体分析如下:

(1)轨道交通工程多位于市区中心,地处闹区,环境类型复杂多样,常因施工对交通、出行等造成多种不便,因而对时间要求往往较为紧迫,对周边环境要求也较高,通常需要施工经济快捷。同时轨道交通工程施工深度有限,浅层气影响范围有限。

(2)根据浙江以及长三角地区的工程经验,在滨海城市中浅层气分布主要有以下几个特点:①分布范围广,埋深浅;②连通性差;③贮气空间较小(多数气量较小);④富气性差异大;⑤气压差异大。

其次根据滨海城市以及轨道交通工程特点,探讨浅层气勘察工艺。

(1)在针对滨海城市浅层气勘察时,常需要对浅层气进行采样,而物化探方法由于无法进行取样测试,因而通常不考虑单独使用;

(2)由于轨道交通工程探查深度有限,浅层气影响范围有限,钻探方法以及静探方法均可进行;

(3)考虑时间效应,钻探时间相对较长,优先考虑使用静探方法、物探方法,同时优先考虑探排结合,在探查浅层气的同时进行浅层气的预放气工作;

(4)考虑成本因素,静探方法最为节省,因而优先考虑静探方法,再考虑施工;

(5)考虑地形因素,尤其对于水上施工和上部填土较厚时,静探存在困难,物探方法存在较大干扰,因而优先考虑钻探方法以及钻探与静探结合的方法;

(6)考虑放气速度,优先考虑钻探,但滨海城市多数气量较小,因而有时静探方法也可使用。

由此可见,在考虑滨海城市浅层气探查及放气工艺时,首先从轨道交通工程的经济效益以及时间效率考虑,通常需要将浅层气的探查与排放结合在一起来进行,同时还需要因地制宜,有时往往需要多种方法结合使用,如在水上探查时,往往考虑采用钻探或钻探与静探结合等方法;而在陆地,常可以考虑使用改装静探方式进行,有时结合钻探一起进行放气,充分利用钻探的成孔以及放气上的优势,又有效发挥静探在探查上的优势,从而实现更有效而又更经济的判别。

6.4　宁波软土浅层气的勘察实例

宁波市地处滨海平原,地势低平,市区地面高程一般为 2.0~2.5 m(黄海高程),宁波轨道建设场地属典型的软土地区,广泛分布海相沉积的厚层软土,主要成因类型有河流相、河湖相及海相等,从老到新是由一套陆相堆积—海陆交替堆积—海相堆积地层组成,上部软土层厚 8.0~26.1m,是一个典型的滨海城市。

6.4.1　勘察目的及任务

本次勘察目的是通过现场勘探测试,查明宁波市轨道交通某线路明挖与盾构范围内的浅层天然气存在的可能性,分析天然气对地铁施工所产生的危害,为宁波市轨道交通该线路的施工提供有关浅层天然气的地质资料。

本次勘察的主要任务是查明地铁线路范围天然气平面和空间的分布情况、化学成分、压力大小、埋藏深度、分布形态、贮存规律、储量、涌出量(释放强度)等。分析评价浅层天然气对地铁施工所产生的危害程度和提出施工措施意见。

6.4.2　勘察控制标准

勘察控制采用以下三原则：

（1）探排结合的原则：根据事前收集的资料布置检测孔，进行浅层气查探，若无气，则封孔；若有气，则以放至达到设计要求为终孔条件。

（2）均衡放气原则：浅层气释放的速率应不产生对放气孔周围地层的显著扰动，进行缓慢均衡放气，以不带出泥沙为控制标准，释放过程注意气体压力的动态变化。

（3）安全性原则：注重防火、防喷的措施。

6.4.3　资料收集

根据场地前期资料（见表 6-5），本线路沿线附近存在浅层天然气区域的地层为浅部 $10\sim15$ m 的一套海相砂质粉土、粉砂层，其上部以淤泥质粉质黏土夹粉砂为主，下部为淤泥质粉质黏土夹粉砂和黏土层。根据生气层以及储气层的条件要求，本线路附近场地下浅部③₁ 层砂质粉土、③₂ 层粉质黏土（内夹大量粉砂粉土）为储气层，②₂c 层淤泥质粉质黏土、②₂b 层淤泥质黏土、④₁ 层淤泥质粉质黏土为气源层，浅层气产出速度极其缓慢。同时②₂c、②₂b、④₁ 层在其局部有粉砂、粉土微薄夹层的地段又为储气层。

表 6-5　浅层气主要赋存地层（组）一览表

成因时代	层号	亚层	厚度（m）	层顶标高（m）	岩性特征简述
mQ₄²	②	②₁	0.3～1.8	−3.08～−0.10	黏土：灰色，软塑，厚层状，含半腐化植物碎屑，局部分布
		②₁a	0.6～11.3	−2.04～1.17	砂质粉土：灰色，稍密，饱和，厚层状构造，主要分布在姚江北
		②₂a	1.0～9.9	−5.62～−1.13	淤泥：灰色，流塑，厚层状～似鳞片状，土质软
		②₂b	1.5～9.5	−6.62～−0.72	淤泥质黏土：灰色，流塑，厚层状～似鳞片状，局部夹薄层粉砂
		②₂c	1.4～9.5	−7.59～−0.70	淤泥质粉质黏土：灰色，流塑，似鳞片状，局部夹薄层粉砂
		②₃	0.9～11.7	−11.35～−3.55	淤泥质粉质黏土：灰色，流塑，鳞片状构造
		②₄	2.9	−10.37	淤泥质黏土：灰色，流塑，鳞片状构造，主要分布在姚江北
al-mQ₄¹	③	③₁	0.7～5.7	−13.69～−6.56	粉土、含黏性土粉砂：灰色、灰褐色，稍～中密，饱和，薄层状
		③₂	0.9～4.7	−17.63～−5.92	粉质黏土：灰色，流塑，薄层状，内夹大量粉土、粉砂层

续　表

成因时代	层号	亚层	厚度(m)	层顶标高(m)	岩性特征简述
mQ₄¹	④	④₁	0.5～10.9	−19.00～−5.73	淤泥质粉质黏土:灰色,流塑,鳞片状,内夹粉砂薄层
		④₂	2.3～11.5	−26.15～−11.04	黏土:灰色,流塑～软塑,细鳞片状构造
		④₃	1.4	−26.05	粉质黏土:灰色、灰褐色,软塑,细鳞片状,局部分布

6.4.4　勘察工作量的布置

孔位布置:根据有害气体外业研究历史资料分析以及类似软土地区的浅层气探查实践经验,气体呈囊状分布的特点,探气孔主要分布在隧道沿线,按 200～300 m 间距布置专门探测点,原则上每个工点布置 1～2 个浅层气勘察孔,如受场地条件影响勘察孔位置需调整时,勘探孔间距一般不超过 400 m。若发现有浅层气检测,则加密勘察点,直至查明浅层气的分布赋存范围。另外,为避免放气钢管在放气后无法起拔而成为钻孔桩施工的地下障碍物,放气孔位置宜偏离隧道区间结构边线 3～5 m。

勘探深度的确认:根据前期收集的资料以及周边地质资料,了解本地区浅层气主要埋藏位置,设计探查孔深一般要求探至揭穿下部贮气层或盾构结构底板下 5 m,若该位置揭示有储气层,加深探测到储气层底部,在勘探过程中根据地层分布情况和储气层埋藏条件做适当调整。

6.4.5　工艺设备选择

由于场地浅层气产出速度缓慢,埋深浅,连通性、均匀性、气压等差异较大,储气层以粉砂、淤泥质粉质黏土夹粉砂为主,粉砂呈薄片状交错分布在淤泥质粉质黏土中,因而本场地更适合以改装静力触探(参见图 6-3)进行探查,同时为避免场地上部填土等不利因素,采用钻探成孔等综合手段进行。放气施工设备主要为 XY-1 型施工钻机、砂土分离器、空压机、压力泵,测量设备主要有压力表、甲烷报警测试仪。

6.4.6　勘察流程

(1)钻探成孔

对于地面有填土的采用钻探成孔,并加以下套管,防止孔壁坍塌。

(2)静探法施工

结合场地条件及已有勘察资料,本次以改进静探为主要勘察手段。

主要施工步骤如下:

①静探设备加工,主要加工探头,将探头改装为活塞式探头,在活塞的中间为进气孔口,下压时进气口封闭,上拔时进气口敞开,气体便能从探管中冒出。

②成孔:由浅至深,按 1 m 间距向下探测,探至预定深度后上拔探管 0.3～0.5 m,检测

探管内是否有气体溢出,如有气直接至④,如无气则进行吹气。

③吹气:采用最大量程压力为 1.6 MPa 的空压机进行吹气,一直吹到探管内与下部含气层连通。吹气结束后检测是否有浅层气冒出。如未测出有气体冒出,则继续循环②、③步骤。

④安装量气设备:吹气后检测出有大量气体冒出后,立即安装量气设备,以便测量其气压与流量。

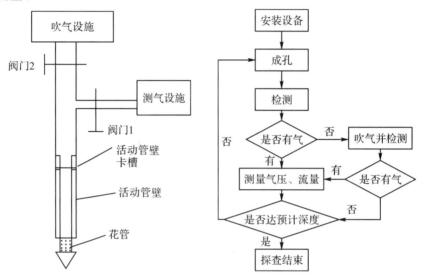

图 6-3　改进静探探头结构图　　　　图 6-4　改进静探探头的勘探流程图

(3)气体浓度检测

浅层气体主要以甲烷为主,并带有少量的臭味,即含有硫化氢(H_2S)。可采用 DBBJ-T 便携式气体报警探测器进行检测。气体检测前先在清洁的空气中打开仪器,待仪器稳定进入待测状态后,将仪器直接放置孔口进行检测。为了能更准确地检测孔内是否有气体溢出,每次检测时先将孔口捂住以防因为气量太小而从旁边溢出,影响检测结果。

图 6-5　气体浓度检测

(4)气体压力的检测

当确定有气体冒出,而且量比较大时,立即接上阀门皮管连接安装至气砂水分离仪上进行压力测定。对于有明显经验和前期试验结果的,气压较小,储量不大的,可采用直接测定法进行试验。用静探设备将探管压入土层预定的深度后,接上阀门对孔内进行吹气,待吹气吹通后,将吹气管卸下。静置几分钟后,先用 DBBJ-T 便携式气体报警仪检测是否有沼气溢出,如有沼气溢出,而且量比较大时,立即接上压力表测定压力,如图 6-6 所示。压力计的最大压力应根据场地气压而定。

孔口检测出气体的压力是克服土体间阻力以及带出泥沙水混合物之后的压力,因此实测压力值往往要比真实气压值小。

图 6-6 气压测试示意图

(5)气体流量的检测

气体的流量采用罗茨流量计进行量测,该流量计测出结果为通过体积。计算流量时采用固定的时间段内刻盘上的数据变化值除以该固定的时间值。量测时直接安装在气砂水分离器上,可以通过阀门来控制流量,如图 6-7 所示。

图 6-7 流量计

（6）气体样品的采集

应采用专用空气袋进行气体采集，气袋体积 3 L，采气时，先将气体进口打开，等气体充满后，再打开放气口将气体放掉，连续置换 2～3 次后，采集正式的气体样品，如图 6-8 所示。

图 6-8　专用空气袋

（7）现场探测间距和观测时间

由浅至深，按 1 m 间距向下探测，探至预定深度后上拔探管 0.3～0.5 m，用气体报警探测器探测 2 分钟后，检测探管内是否有气体溢出，若无气体和水柱喷出，气体报警探测器探测浓度小于 4％LEL 时，可以再次起拔。若起拔过程中有气体和水柱喷出，记录下起拔深度。立即安装量气设备，按上述流程步骤实施，观测至无气后再用气体报警探测器探测，当浓度小于 4％LEL 时，可以再次起拔。对探测出有气体的含气深度，则在其上下范围内根据邻近详勘孔揭露的土层厚度探测间距加密至每 1 分钟 0.5 m，步骤同上。

（8）浅层气的评价

在进行专项的浅层气探测的同时，必须与工程地质孔钻探资料相结合，注意工程地质孔的浅层气异常点，充分分析地层的结构特点，确定含气层的位置、气量、气压等要素，划定浅层气富集区，评价对地铁工程的影响，为下一步是否需要专项释放提供决策依据。同时对浅层气地区轨道交通的施工给出建议措施。

6.4.7　勘察结果

（1）赋存状态

浅层气主要分布在海相沉积土中，含气层的岩性以粉砂、淤泥质粉质黏土夹粉砂为主，粉砂呈薄片状交错分布在淤泥质粉质黏土中。微观上气相以局部连通或完全封闭的形式赋存于土体中，宏观上呈现为不均匀的、连通性差的囊块状或上下交错的海绵絮状，而囊块呈透镜体分布，导致各孔位周边土层中的气压、储存量以及相连通性、均匀性差异较大，促使气体溢出时主要表现为逐步缓慢地溢出，局部气压较大地段，自由喷发过程中往往会带出大量泥沙。

（2）气体成分

根据本次所采集的浅层天然气化学分析成果来看，地下气体中主要成分是甲烷（CH_4），其次为二氧化碳（CO_2），还有一些微量的一氧化碳（CO）、二氧化氮（NO_2），无其他烷类。

表6-6 浅层天然气主要化学成分汇总及统计一览表

层位	岩土名称	气样编号	取样深度（m）	甲烷 %V/V	二氧化碳 %V/V	一氧化碳 %V/V	二氧化氮 %V/V
②₁ₐ	砂质粉土	Q12XN4-1	9.5	0.7	0.1	<0.1	<0.1
②₂ᵦ	淤泥质黏土	Q3XN4-1	10	0.8	0.5	<0.1	<0.1
	淤泥质黏土	Q5XN4-1	11~12	<0.1	0.1	<0.1	<0.1
	淤泥质黏土	Q5XN5-1	9.5	0.3	0.1	<0.1	<0.1
	淤泥质粉质黏土	S6XN1-1	8.5~8.8	1.9	0.4	<0.1	<0.1
②₂ᵪ	淤泥质粉质黏土	Q6XN1-1	13.5	0.9	0.2	<0.1	<0.1
	淤泥质粉质黏土	Q9XN2-1	6.5	0.4	0.1	<0.1	<0.1
	淤泥质粉质黏土	Q9XN2-2	12.0	5.1	0.3	<0.1	<0.1
③₁	粉砂	Q1XN1-1	12.0	3.8	0.2	<0.1	<0.1
	砂质粉土	Q8XN1-1	10.5	5.1	0.4	<0.1	<0.1
	砂质粉土	S9XN1-1	10.5	22.0	0.4	<0.1	<0.1
	含黏性土粉砂	Q11XN1	11.0	4.0	0.2	<0.1	<0.1
	砂质粉土	Q11XN2	14.5	3.7	0.2	<0.1	<0.1
	砂质粉土	Q12XN2-1	15.0	4.0	0.3	<0.1	<0.1
③₂	粉质黏土夹粉砂	S1XN4-1-2	10.5~11.6	17.0	1.0	<0.1	<0.1
	粉质黏土夹粉砂	S1XN4-3-4	13.1	15.4	0.8	<0.1	<0.1
	粉质黏土夹粉砂	Q1XN9-1	11.0	6.1	0.3	<0.1	<0.1
	粉质黏土夹粉砂	Q6XN4-1	11.8	<0.1	0.1	<0.1	<0.1
	粉质黏土夹粉砂	S9XN1-2	12.5	6.0	0.3	<0.1	<0.1
	粉质黏土夹粉砂	Q10XN3-1	14.0	3.6	0.2	<0.1	<0.1
	粉质黏土夹粉砂	S11XN1-1	13.5	2.1	0.2	<0.1	<0.1
④₁	淤泥质粉质黏土夹粉砂	Q9XN2-3	16.0	76.1	2.2	<0.1	<0.1

注：以上测试指标均为地下天然气实测指标。

（3）浅层天然气物理化学特性

甲烷是最简单的有机化合物，是没有颜色、没有气味的气体，微溶于水，溶于醇、乙醚。甲烷的熔点为$-182.5℃$，沸点为$-161.5℃$，相对密度（水＝1）为0.42，相对蒸汽密度（空气＝1）为0.55，饱和蒸汽压为53.32 kPa，燃烧热为889.5 kJ/mol，临界温度为$-82.6℃$，临界压力为 4.59 MPa,引燃温度为 538 ℃。甲烷和空气成适当比例的混合物,遇热源和明火有燃烧爆炸的危险,其爆炸上限为 15%(V/V),爆炸下限为 5.0%(V/V)。

甲烷对人基本无毒,但浓度过高时,会使空气中氧含量明显降低,使人窒息。当空气中甲烷浓度达 25%~30% 时,可引起头痛、头晕、乏力、注意力不集中、呼吸和心跳加速、共济失调。若不及时脱离,可致窒息死亡。皮肤接触液化本品,可致冻伤。

(4)分布范围

本次采用改进触探探头的方式进行探查,采用 DBBJ-T 便携式气体报警探测器进行检测。根据宁波地区经验及前期的试验结果,沿线的天然气储量不大,气压较小,气体压力采用直接测定法进行试验。气体的流量采用罗茨流量计进行量测。探测深度一般要求探至车站或盾构区间结构底板下 5 m,若该位置揭示有储气层,加深探测到储气层底部。表 6-7 为部分勘探孔气体压力和流量,探查成果图参见图 6-9。

根据本次探测结果分析,场区浅层气体最高压力值为 0.2 MPa,本次勘察按天然气压力 0.05 MPa 为界线,将天然气划分 A、B 区,A 区指气体压力≤0.05 MPa,B 区指气体压力＞0.05 MPa。根据以上分区原则,共划分了 8 个天然气分布 A 区和 4 个天然气分布 B区,具体天然气分布范围见表 6-8。

本次探查圆满完成浅层气探查任务,为后期设计施工提供了极大的便利,大大降低了工程施工过程中可能招致的危险性。

表 6-7 部分探查孔气体压力和流量一览表

孔号	含气层及岩土名称	气体埋深(m)	最大气压(MPa)	气体流量(m³)
S1XN2	③₂ 层粉质黏土夹粉砂	13.0	0.015	0.024
S1XN4	③₂ 层粉质黏土夹粉砂	10.5~13.1	0.115	0.336
S1XN5	③₂ 层粉质黏土夹粉砂	11.7~12.2	0.2	0.250
Q5XN4	②₂b 层淤泥质黏土	11.0~12.5	0.05	0.732
Q5XN5	②₂b 层淤泥质黏土	9.5	0.04	0.068
S6XN1	②₂c 层淤泥质粉质黏土	8.5~12.3	0.05	0.628
Q6XN1	②₂c 层淤泥质粉质黏土	13.5	0.045	0.004
Q6XN4	③₂ 层粉质黏土夹粉砂	11.8~12.8	0.115	0.542
Q11XN2	③₁ 层砂质粉土	17.5~18.5	0.05	0.058
Q12XN3	③₁ 层砂质粉土	11.0~14.5	0.11	0.804
Q12XN4	②₁a 层砂质粉土	9.0~18.5	0.11	0.428

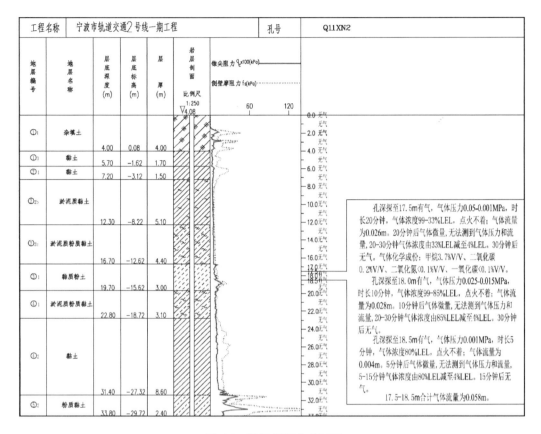

图 6-9　浅层气探查成果图

表 6-8　项目浅层天然气分布范围一览表

区域	分布范围	含气层和分布深度
天然气分布 A 区 （气体压力 ≤0.05 MPa）	SK0 ＋ 000 ～ SK0 ＋206.0	③₂ 层粉质黏土,含气深度 10.5～13.1 m;局部④₁ 层淤泥质粉质黏土, 含气深度 20.0～20.2 m
	SK0 ＋ 380 ～ SK0 ＋695.0	③₁ 层粉砂、粉土,含气深度 11.5～12.0 m
	SK5 ＋ 272.0 ～ SK5 ＋400.0	②₂b层淤泥质黏土底部,含气深度 10.0 m 左右
	SK7 ＋ 566.0 ～ SK7 ＋762.0	②₂b层淤泥质黏土底部,含气深度 11.0 m 左右
	SK7 ＋ 902.0 ～ SK8 ＋608.0	②₂c层淤泥质粉质黏土底部,含气深度 8.5～13.5 m
	SK9 ＋ 168.0 ～ SK9 ＋484.105	③₂ 层粉质黏土,含气深度 11.8～13.0 m

区域	分布范围	含气层和分布深度
天然气分布 A 区（气体压力≤0.05 MPa）	SK10＋882.758～SK11＋880.0	②$_{2c}$ 层淤泥质粉质黏土、③$_1$ 层砂质粉土、③$_2$ 层粉质黏土，含气深度 10.5～13.5 m；里程 SK11＋600～SK11＋880 局部④$_1$ 层淤泥质粉质黏土含微量气体，含气深度 15.0～21.0 m
	SK13＋475～SK14＋618.627	③$_1$ 层砂质粉土、粉砂，③$_2$ 层粉质黏土，含气深度 11.0～15.5 m
天然气分布 B 区（气体压力＞0.05 MPa）	SK0＋206.0～SK0＋380.0	③$_1$ 层粉砂、③$_2$ 层粉质黏土，含气深度 11.0～12.0 m
	SK8＋608.0～SK8＋907.0	②$_{2c}$ 层淤泥质粉质黏土底部，含气深度 10.3～11.3 m
	SK11＋880.0～SK12＋040.0	②$_{2c}$ 层淤泥质粉质黏土、④$_1$ 层淤泥质粉质黏土，含气深度 12.0～16.0 m；局部深度 6.5 m 含微量气体
	SK14＋919.157～SK16＋094.050	③$_1$ 层砂质粉土、③$_2$ 层粉质黏土，含气深度 11.0～19.0 m；里程 SK16＋780～SK16＋094.050 主要含气层为②$_{1a}$ 层砂质粉土，含气深度 9.0～18.5 m
	SK12＋040.0～SK12＋393.975	
	K12＋721.602～SK13＋475.0	

6.5　本章小结

6.5.1　结论

（1）滨海城市中尤其是长三角以及东南沿海地区，广泛分布着浅层气，浅层气成分以甲烷为主，包含少量 CO_2。浅层气的广泛分布给轨道交通工程带来较多的不利影响，对其施工过程以及后期运营均带来了不利影响。

（2）鉴于浅层气对轨道交通工程建设存在较大的影响，应采取有控释放的措施来进行预放气，从而确保轨道交通工程的安全。对于浅层气的预放气主要有钻探、静探以及物化探等多种方式。针对滨海城市的特点，改进的静力触探是一种较好的方式，多种方法综合运用能有更好的效果，探排结合更为符合轨道交通工程的需求。本研究采取钻探与静探结合、探排结合的方式在宁波轨道交通工程项目中进行了尝试，取得了较好的效果，有效保障了轨道交通工程的建设工作。

6.5.2 建议

本研究主要针对以浙江沿海为典型的滨海城市,采取的探查方式也是依据浙江等地浅层气的特点进行,然而各地浅层气的埋藏特点不同,因而在不同地带进行浅层气探查时应根据当地的浅层气埋藏分布特点,有针对性地选择探查方式,采取多种方式组合,通过优势互补,才能更好地探查出浅层气,保障轨道交通工程顺利进行。

第7章 基于宁波地面沉降监测成果的地面沉降成因及其机理研究

7.1 概述

地面沉降是一种可由多种因素引起的地面标高缓慢降低的环境地质现象,严重时会成为一种地质灾害,我国地面沉降主要分布在上海、天津、江苏、河北等17个省市的东、中部地区,其中华北平原和长江三角洲是两个集中连片发展的地区,尤其是在以宁波、天津等为代表的滨海软土城市,地面沉降更为明显。深刻认识地面沉降的危害性,提出风险管控建议,是滨海软土城市工程勘察的一个关键节点。为更好地研究滨海软土城市地面沉降,本研究选取了滨海软土城市宁波作为典型进行分析研究。

宁波地面沉降始于20世纪60年代,是长江三角洲地区遭受地面沉降危害较严重的区域之一,为了预防地面沉降引发地质灾害等城市地质环境问题,1986年宁波市政府开始对地下水开采进行全面管控,2008年宁波市区全面禁采地下水,宁波地下水区域回升,1986—2008年期间,地面沉降速率有所减缓,地面沉降进入相对稳定期。然而近年来又出现了新的地面沉降漏斗,带来了很多问题。如城市地面沉降量的累计势必会导致宁波城市防汛和抗洪能力下降,城市排污、泄洪能力降低,市政基础设施破坏,城市建设和维护费用增加等,最终将直接制约宁波的城市规划、建设和可持续发展(见图7-1、7-2、7-3)。

图 7-1 宁波市区内涝图

图 7-2　江东科技创业中心地面沉降图

图 7-3　国际金融中心地面沉降开裂图

7.2　国内外研究现状及存在的问题

7.2.1　国内外地面沉降发展现状

地面沉降问题在世界范围内颇为普遍,更是世界上许多城市的严重地质灾害问题之一。据已有文献资料记载,1891 年位于中美洲的墨西哥城最早出现了地面沉降问题,但由于诸多原因,当时人们并没有对此给予特别的关注;接着在 1898 年,日本新潟也发现了地面沉降;约 20 世纪初,在全球工业发展较快的一些国家由于不合理地开采地下水及石油,地面沉降现象频频发生(见表 7-1)。目前,世界上已有 50 多个国家和地区发生了不同程度的地面沉降,其中较为严重的国家有日本、美国、墨西哥、意大利、中国等。

表 7-1　国外地面沉降地区统计表

国家	地点		沉降面积（km²）	最大沉降速率（cm/a）	最大沉降量（m）	发生沉降的主要时间（年）	备注
	州或省市	具体位置					
日本	东京	江东及城北工业区	290	19.5	4.23	1892—1968	地下水开发
	大阪			16.3	2.88	1925—1963	
	新潟		2070	57	1.17	1898—1961	
	九州	佐贺县白石平原	88	20		1954—1965	
美国	加州	圣克拉拉流域	600	2.1	3.90	1915—1967	
		圣华金流域	9000	46	8.55	1935—1968	
		洛其贝诺斯开拓尔曼市	2330	40	4.88	—1955	
		邱拉里华兹科		>30	3.96	1926—1954	
		长滩市威明顿油田	32	71	9	1926—1968	石油开采
	内华达州	拉斯维加斯	500		1	1943—1969	抽取地下水
	亚利桑那州	中部			23	1952—1967	
	德克萨斯州	休斯敦及阿尔韦斯顿	10000		1～2	1943—1969	
	路易斯安那州	巴吞鲁日	500		0.3	1934—1965	
墨西哥	墨西哥城		7560	42	7.5	1890—1957	

　　我国自 1921 年上海市区最早出现地面沉降以来，至今已有近百个城市和地区发生了不同程度的地面沉降。代表性地区有上海，天津，浙江的宁波、嘉兴，江苏的苏州、无锡、常州，河北的沧州、唐山、衡水、保定、任丘、南宫，山东的菏泽、济宁、德州，安徽的阜阳，山西的临汾、太原、大同，河南的安阳、开封、洛阳、许昌、郑州，台湾的台北、彰化、屏东，陕西的西安，北京和松辽平原等，较严重的地区有上海、天津、台北、西安、宁波、苏州等。目前，除上海、天津地区的地面沉降已基本控制、不再大幅度发展外，其余地区还在继续发展。河北平原（以沧州为中心）、山东德州、苏锡常、西安等地面沉降中心的沉降速率虽然减缓，但沉降范围仍有进一步扩大的趋势；而安徽阜阳、山西太原等地的沉降速率还将进一步提高。总的来说，全国多数城市或地区的地面沉降还在发展之中，地面沉降范围在扩大，危害也在不断增大。部分城市地面沉降情况见表 7-2。

表 7-2　中国地面沉降地区及情况统计

省（区、市）	面积（km²/处）	发育发布简要说明
上海	850/1	上海市地面沉降始于 1921 年，至 1964 年已发展到最严重的程度，最大降深 2.63 m，以后逐步控制，现处在微沉和反弹状态

省(区、市)	面积(km²/处)	发育发布简要说明
天津	10000/1	自 1959 年开始,1 万多 km² 的平原均有不同程度的沉降,形成市区、塘沽、汉沽 3 个中心,最深达 3.916 m,最大速率 80 mm/a
江苏	379.5/3	自 20 世纪 60 年代开始苏州、无锡、常州三市分别出现地面沉降,到 80 年代末累计沉降量分别达到 1.10、1.05、0.9 m,目前已连成一片,现最大沉降速率分别为 40~50、15~25、40~50 mm/a
浙江	362.7/2	宁波、嘉兴两市自 20 世纪 60 年代开始出现地面沉降,到 1989 年累计沉降量分别达到 0.346 m、0.597 m
山东	52.6/3	菏泽(1978 年发现地面沉降)、济宁(1988 年发现)、德州(1978 年发现)三市累计沉降量分别为 0.077 m、0.063 m、0.104 m,最大沉降速率分别达 9.68、3.15、20 mm/a
陕西	177.3/8	西安市近郊自 20 世纪 50 年代后期开始出现 8 处地面沉降中心,最大累计沉降达 1.035 m,最大沉降速率达 136 mm/a
河南	59/4	许昌(1985 年发现)、开封、洛阳(1979 年发现)、安阳,最大沉降量分别为 0.208 m、不详、0.113 m、0.337 m,安阳为区域性沉降,速率达 65 mm/a
河北	36000/10	整个河北平原自 20 世纪 50 年代中期开始沉降,目前已形成沧州、衡水、任丘、河间、坝州、保定—亩泉、大城、南宫、肥乡、邯郸 10 个沉降中心。沧州最深,累计降深达 1.131 m,速率达 96.8 mm/a
北京	800/1	自 20 世纪 50 年代中期开始沉降,中心位于东郊,最大累计沉降量达 0.597 m,目前趋于平缓
广东	0.25/1	20 世纪 60—70 年代湛江市出现地面沉降,最大降深 0.11 m,后由于减少地下开采已基本控制
福建	9/1	福州市 1957 年开始发现地面沉降,目前,最大累计沉降量达 678.9 mm,速率 2.9~21.8 mm/a
全国的地面沉降基本发育在长江三角洲平原、华北平原、环渤海湾、东南沿海平原、河谷平原和山间盆地几类地区。		

7.2.2　国内外地面沉降研究现状

(1)基于地下水开采引发的地面沉降研究

地面沉降因为其致灾性触犯到人们的利益而受到关注:1923 年,Meinzer 首次定义了地面沉降的概念并作了解释;1932 年,Longfield T. E. 在《伦敦沉降》中第一次特地论证了地面沉降;到了 1936 年,J. A. Guevas 发表了《墨西哥的地面沉降问题》后,地面沉降才受到国际社会的广泛关注,有关的学术界和组织也逐渐涉足该问题领域。

1956 年,Poland J. F 提出并论证了地面沉降是由于抽汲地下水造成的,宫部直巳同年发表了《论地面沉降》,指出地面沉降并非是由自然因素而引发的;1964 年,日本资源调查会指出地面沉降完全是人为作用带来的后果;1969 年,宫部直巳又指出地下水位的异常降低会引发地面沉降,同年,Poland J. F 和 Davis G. H 发表了《由于抽汲地下流体而引起的地面沉降》一文,指出抽水是地面沉降的外因,Poland J. F 又在《关于含水层组压密的研究现状及需进一步研究的问题》一文中进一步指出抽水引起的土层压密是地面沉降发生的原因;1975 年,Helm D. C 指出地面沉降的预测是一个重要的研究课题;1984 年,Poland J. F 主编了指导性科技专著《因抽汲地下水而引起的地面沉降研究指南》;1991 年,Leake S. A 提出垂直压密新程序,该程序可以模拟地下水的流动。

关于地面沉降问题,国内许多学者也开展了大量的研究工作:

牛修俊等提出最低水位与临界水位的概念,认为唯有水位低于历史最低水位时才会发生可观的地面沉降;武强等通过对天津市滨海新区不同埋藏深度内弱透水层水理性质的研究,得出不同埋深弱透水层的孔隙水类型,依据其不同的孔隙水类型揭示出不同埋深弱透水层的释水变形机理。

杨献忠、陈敬忠等通过黏土矿物层间的脱水反应来研究地面沉降的作用,认为黏土矿物由于自身的脱水作用而造成地层压缩,研究弥补了传统理论中假设土颗粒和孔隙水均不可压缩所带来的误差;张云等发现砂土层的变形会随地下水位的动态变化而显示出不同的变化;王秀艳、刘长礼等通过试验研究,认为饱和超固结黏性土在附加应力作用下同样会产生释水变形并存在一定规律;叶淑君、薛禹群、张云等从对上海地层变形的监测中发现,土层的变形与自身性质及应力条件均有关系;张云等通过试验得出饱和砂性土的应变与应力和时间有关,并呈非线性关系,还用幂函数拟合饱和砂性土的应力—应变—时间关系,从而为继续研究长期抽水—地面沉降问题提供了一定的理论依据。

近几年来,人类通过大量的探索与试验,在地面沉降方面的研究已经硕果累累,其研究课题也越来越精细,从对地面沉降的定性分析过渡到定量分析,从最初简单的室内模型和试验逐渐过渡为室内试验与沉降区域土层模型的结合,从简单的土体变形模型过渡为复杂的地下水流与土体的耦合模型,从最初应用的一维固结理论过渡为三维固结理论,从传统的宏观分析过渡到微观分析等。

(2)基于工程建设引发的地面沉降研究

以往的观点主要都认为地面沉降是由地下水的过度抽汲引起的,然而随着社会经济的不断发展,大量高层建筑物的密集建设造成的地面沉降也越来越受到人们的广泛关注,其影响程度及范围也已不容忽视。

国内许多的学者通过研究得到了一些重要的认识,其中以上海最为前沿:

沈国平等提出上海市地面沉降是城市化的产物,沉降过程比较缓慢,波及范围广,且地面沉降具有渐进性、累积性和不可逆性,其发生发展与城市建设密切相关;严学新、龚士良等对上海市建筑密度与地面沉降之间的关系做了详细的分析,得出集中建设较分散建设、新区建设较旧城改造、高层建筑较多层建筑的地面沉降效应明显的结论,并确定建筑规模及其增长速度直接导致工程建设地面沉降的同步增长,建筑越密集,容积率越高,地面沉降越明显;崔振东得出在严格控制地下水开采的情况下,密集高层建筑群等工程环境效应已成为诱发地面沉降的主要影响因素;施伟华根据近十多年上海地面沉降空间分布特征,对城市建设中引起地面沉降的各种工程类型进行了归纳,结合有关工程实测资料得出城市建设对地面沉降的影响在近十年来占有较重要的地位,与以往的因开采地下水产生的地面沉降相比,虽然影响范围有限,但建筑工程主要影响浅层第一、二压缩层,该两层土为上海地质层中最薄弱的层位,强度低,流变性大,因此建设工程产生的地面沉降在整个环境地面沉降中的比例越来越大。

郑铣鑫结合国内外地面沉降现状,对地面沉降的成因、危害、机制、数学模拟、防治等方面的研究进展进行了综合论述,指出建设工程性地面沉降、孔隙水运移机制、城市化建设与地面沉降的相互关系等是今后城市地面沉降研究的主要方向。

叶俊能、郑铣鑫、侯艳声通过对规划宁波市轨道交通沿线的地形地貌、工程地质、水文地质的调查,利用宁波市地面沉降漏斗扩散动态结果、沉降中心各土层变形量统计和各土层累计沉降量,分析了宁波轨道交通规划区域地面沉降的特征,得出随着地下开采量急剧减小,承压地下含水层水位逐渐回升至接近天然原始水位,黏性土层孔隙水压力变化幅度大大减弱,第一软土层(浅部软土)在自身固结和上部地表的荷载作用下表现出纯塑性变形性质,其他土层基本上呈现弹性变形,宁波市区第四系综合土层总体上表现出以塑性变形为主的性质。

张弘怀、郑铣鑫等在充分论证工程性因素在宁波平原区域地面沉降中作用和特征的基础上,基于有限差分法,建立参数随应力应变的地下水开采和区域建筑荷载双重作用下的全耦合动态地面沉降方程,通过实测数据和模拟结果的对比分析得到至 2012 年底,宁波浅部软土层累积地面沉降值约占总沉降量的 78%,工程性荷载对地面沉降作用不可忽视,在禁限采地下水的同时,必须加大工程性地面沉降防治力度。

赵团芝、侯艳声等基于宁波市地面沉降现状,从地层结构、软土的工程特性、主要压缩沉降层、地面沉降与建筑容积率的相关性及工程性地面沉降机理角度,对工程性地面沉降的成因进行了分析,并探讨了工程性地面沉降的防治对策。

7.2.3　国内外地面沉降研究存在的问题

城市地面沉降是城市地下工程地质水文条件、上部荷载以及地质构造运动共同作用的结果,虽然国内一些学者通过数值模拟的方式根据所建立的地面沉降模型加假设荷载,来模拟预测区域出现地面沉降的可能性和沉降量大小,或者利用实测地下水位资料来计算地面沉降的量值,但都没有揭露分析城市建设过程中多重影响因素下地面沉降的成因机理及发展规律。

以宁波为代表的滨海软土城市,对于市区地下水全面禁采后的地面沉降成因和沉降机理,目前还没有合理的解释,国内外相关的研究成果较少,可借鉴和参考的资料较匮乏,相关的理论还未建立。

7.3　宁波市地面沉降发展特征分析

7.3.1　宁波市地面沉降监测中心地面沉降发展历程分析

根据地面沉降系统监测资料分析,20 世纪 60 年代至今,宁波市地面沉降经历了 4 个阶段:

（1）地面沉降初期（1964—1977 年）

宁波市深层地下水开采始于 20 世纪 30 年代初，60 年代进入大量开采阶段，地下水位逐渐下降。1964—1977 年，市区地下水开采量为 425×10^4 m^3/a，水位降落漏斗中心区地下水位下降速率约 0.7 m/a；沉降中心区（和丰纱厂）范围内地面平均沉降速率为8.8 mm/a，最大可达 18 mm/a。

（2）地面沉降发展期（1978—1985 年）

市区年均开采量为 730×10^4 m^3/a，市区及近郊地下水水位下降速率为 0.9 m/a，地面沉降监测中心范围内沉降速率 16.5～35.3 mm/a，年均沉降速率 24.2 mm/a，1985 年地面沉降中心最大速率达 35.3 mm/a。

（3）地面沉降稳定期（1986—2008 年）

1986 年，宁波市政府开始对地下水开采实施全面管理和审批制度，地下水开采得到有效控制，开采量逐步调减，地下水区域回升，地面沉降速率有所减缓，地面沉降进入相对稳定期，至 2008 年，宁波市地面沉降速率有所放缓，地面沉降中心累计沉降量为514.9 mm，年均沉降速率 8.7 mm/a，地面沉降监测中心进入相对稳定时期。

（4）地面沉降巩固期（2009 年至今）

在经历 1986—2008 年地下水禁采期间地面沉降稳定期后，自 2008 年市区地下水全面禁采后，2009—2017 年宁波市地面沉降监测中心年均沉降速率为 4.4～21.3 mm/a，年平均沉降速率 9.9 mm/a（截至 2017 年），累计沉降量从 2008 年的 514.9 mm 累计到 2017年的 604.1 mm，虽个别年份（2012、2013 年）沉降速率有小幅度增加，但整体保持持续稳定。

地面沉降监测中心年沉降速率随时间变化曲线见图 7-4。

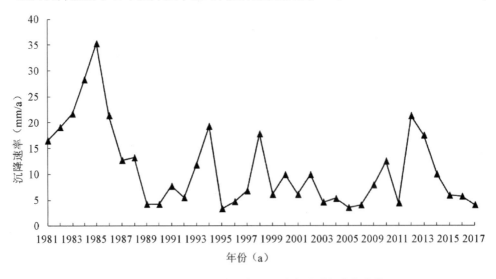

图 7-4　地面沉降监测中心年沉降速率随时间变化曲线

7.3.2　宁波市地面沉降新特征分析

2008 年宁波市政府对市区地下水全面禁采，市区地下水实现零开采，区域地下水位整体呈上升趋势,地下水位漏斗中心水位逐渐升高,水位漏斗面积逐渐减小。但结合近年来宁波市地面沉降监测资料分析,宁波市地面沉降进入新的发展阶段,呈现出新的变化特征。

(1)区域地面沉降扩大,出现新的沉降漏斗

历年宁波市地面沉降累计等值线及扩展情况见图 7-5。

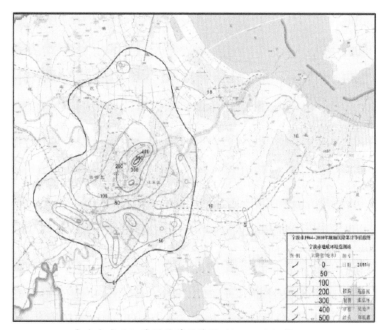

宁波市地面沉降累计等值线图(1964—2010年)

图 7-5　宁波市历年地面沉降累计等值线图

宁波市地面沉降漏斗面积与年份对应关系见图 7-6。

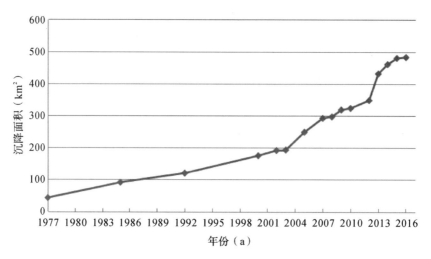

图 7-6　地面沉降漏斗面积随年份变化关系曲线

图 7-6 显示,随着时间的推移,宁波市地面沉降漏斗区的面积呈现出逐步扩大的趋势,具体表现为:1977—2003 年间,宁波市地面沉降漏斗区扩大较为缓慢,年均增加沉降漏斗区面积相对较小;2003 年后宁波市地面沉降漏斗区面积增长速率明显加快,显著高于 2003 年前的增长趋势,地面沉降漏斗区面积由 1977 年的 42.4 km² 增加到 2016 年的 482.76 km²。

(2)工程性地面沉降现象严重

监测数据表明:以往超采地下水形成的三江口核心区平均沉降速率已控制在 5 mm/a 以下,沉降趋势基本稳定,但在城市建设强度较大的鄞州中心区、南部商务区、东部新城、鄞州潘火及下应等区域,年平均沉降速率超过 10 mm/a,并有连片成面的趋势。2017 年度宁波中心城区年地面沉降速率见图 7-7。

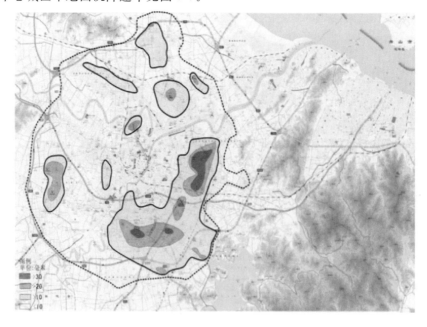

图 7-7　2017 年度宁波市地面沉降历史等值线图

据2017年监测数据统计分析,年度沉降量较大的区域主要分布在东部新城、鄞州中心区、潘火下应、古林集士港、洪塘庄桥、镇海骆驼、庄市、东钱湖等地。大规模的城市化建设促使东部新城、鄞州中心区、潘火下应及东钱湖沉降区连成一片,导致2017年度大于10 mm的沉降漏斗面积较2016年增幅较大,而三江口核心区年度沉降量维持在5mm以下。

其中年沉降量较大的东部新城、鄞州中心区近年年均沉降速率及典型沉降监测点年沉降变形速率见图7-8、图7-9。

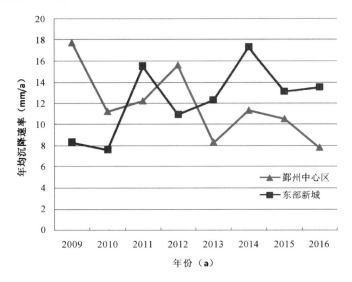

图7-8 沉降区内监测点年均沉降速率

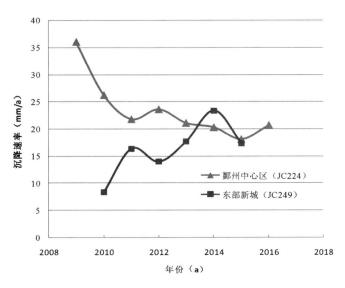

图7-9 沉降监测区内典型监测点沉降速率

7.4 第四纪土体特征与地面沉降关系对比分析

7.4.1 研究区第四纪土体以及软土分布特征

宁波地面沉降的发生,其本质为下部土体的压缩变形发展累计的量上的直观表现。下部土体应力状态的改变引发自身产生应变,直观上表现为地面变形,因此,地面变形只是下部土体应变的外在体现。研究地面沉降变形,尤其是城市地面沉降,必须具有详细可靠的研究区地质资料,搞清沉降区土体,尤其是第四纪土体的分布特征。在充分掌握研究区工程地质、水文地质资料的基础上,与相应地面沉降监测成果进行对比分析,找出引发地面产生沉降的影响因素和产生变形的土体,进而才能从本质上对宁波地面沉降机理进行分析和解释。

（1）第四纪土体分布特征

依据沉降监测区第四纪钻孔地质资料分析显示,地面沉降监测区工程地质条件基本趋于一致,即上部广泛分布人工施加的填土层,其主要由黏性土、砾石、碎石及块石组成,厚度平面分布呈现出由市区向郊区逐渐减小直至为零,新城区厚度大于老城区厚度的整体变化趋势,见图 7-10;其下部为软土地区普遍存在的硬壳层,该层为可塑状态,具有中等偏高压缩性;浅部广泛存在着以②、③、④层为代表的海积淤泥、淤泥质土,且厚度较大,极易产生压缩变形;研究区下部为以⑤、⑥、⑦、⑧、⑨、⑩层为代表的黏性土、砂土,为第一、第二硬土层、坚硬土层,厚度大,物理力学性质好,具低压缩性,不易产生变形;⑤、⑥层内部存在的⑤₄、⑥₂、⑥₃层粉质黏土,属于较软土层,具中等偏高压缩性。

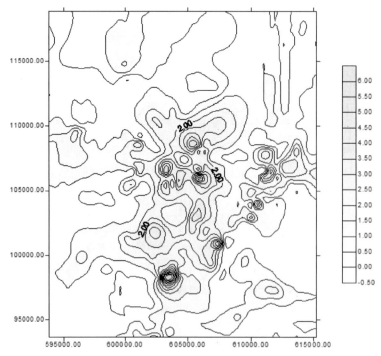

图 7-10 填土厚度分布等值线图

（2）软土空间分布特征

宁波位于滨海冲湖积平原地区，作为典型的软土城市，其浅部广泛存在着软土层（主要包括②、③、④层），其中②层淤泥质黏土在研究区的分布分别见图 7-11、图 7-12。

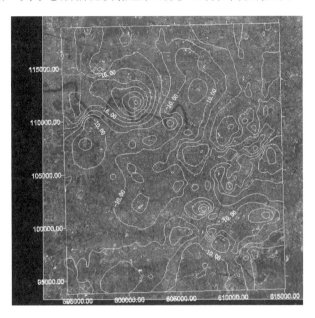

图 7-11　②层淤泥质黏土底板标高等值线图

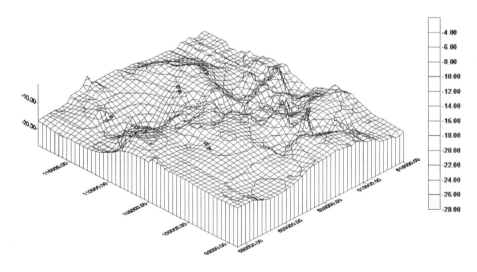

图 7-12　②层淤泥质软土底板标高等值线表面图

以上显示，研究区②层淤泥质土下部底板标高范围位于 $-4.0\sim-27$ m 之间，平均厚度 12.74 m，其中在江北形成以洋市为代表的漏斗区，宁波高新区和东部新城②层淤泥质软土底板标高也较小，即存在着厚度较大的淤泥质土体。整体分析而言，②层淤泥质软土广泛分布于整个研究区（沉降监测区），除以江北洋市为代表的漏斗区及高新区和东部新城地段外，其余区域②层淤泥质软土底板标高较均一，且埋深不大，分布尚均匀。由此在荷载差异性较小的情况下，②层淤泥质软土产生的压缩沉降变形不会导致沉降监测区出现若干个沉降漏斗,而是会表现出整体的地面沉降变形特征。

软土联合层(主要指②、③、④层组成的联合层位)在研究区的分布见图 7-13、图 7-14。

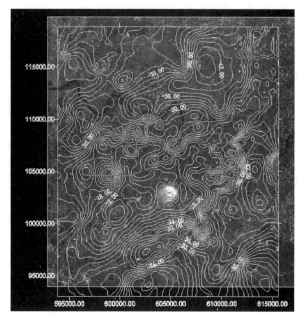

图 7-13　研究区软土联合层底板标高等值线图

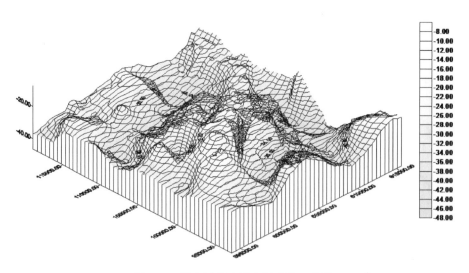

图 7-14　研究区软土联合层底板三维图

以上软土层底板标高等值线、三维分布图显示,软土层在宁波地面沉降监测区底板标高范围为 $-6 \sim -48$ m,平均厚度约 29 m,以高桥、青林湾、洪家、绍家、泗港、邱隘、下应、柴家、顾家、石家为典型区域,分别属于江北、高新区、东部新城、鄞州中心区等,这些区域软土层底板埋深大,软土厚度大,奉化江沿线软土层底板埋深相对较小,厚度相对较小。软土层分布影视图显示,该层在研究区厚度上呈现出中心薄、四周厚的变化趋势,整体分布不均匀,该层土体具有高压缩性,在应力状态发生均匀变化的情况下,由于软土层厚度的不均,不同区域之间极易产生不同程度的压缩变形量,进而表现出地面不均匀沉降,最终出现直观上的地面沉降及区域性的沉降漏斗现象。

7.4.2　软土层与地面沉降漏斗空间分布关系对比分析

沉降监测区②层淤泥质粉质黏土、软土层(②、③、④层)底板标高及沉降监测区地面累计沉降三维效果图见图 7-15 至图 7-17。

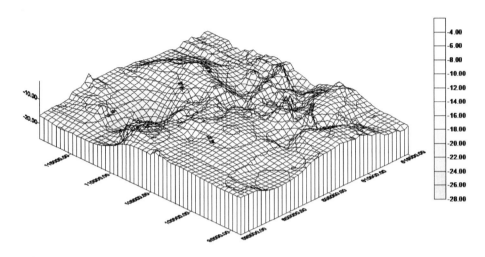

图 7-15　监测区②层淤泥质黏土底板标高表面图

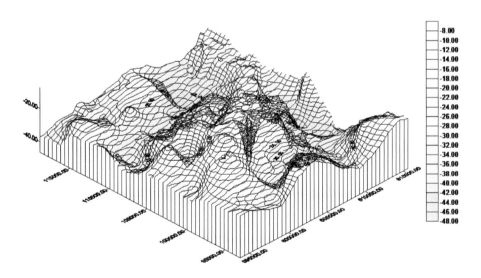

图 7-16　沉降监测区软土层(②、③、④层)底板标高表面图

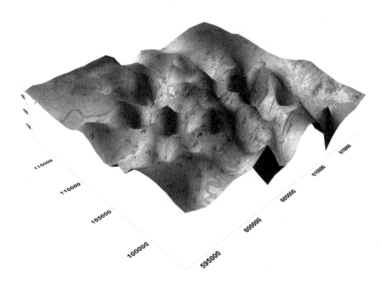

图 7-17　沉降监测区累计沉降三维效果图(截至 2014 年)

　　通过比较沉降监测区易压缩土层底板标高分布表面图与监测区累计沉降漏斗三维效果图,不难发现,软土层底板与地面沉降漏斗在空间分布上具有很高的吻合度,即软土层厚处,其地面沉降量较大,软土厚处漏斗区即为沉降监测漏斗区。由于软土层的沉降变形与其厚度相关,则在其他条件一致的情况下,在空间分布上表现出软土分布厚度越大,地面沉降变形量也越大。

　　综合分析表明,宁波沉降监测区下部软土的厚度大小及其应力应变状态决定着宁波市区地面沉降的发展趋势和空间分布特征。

7.4.3　软土层变形量与地面沉降量关系分析

　　宁波市地面沉降监测中心浅部软土层 2000—2017 年间历年沉降量及地面标年度沉降量数值及其比例关系曲线见图 7-18。

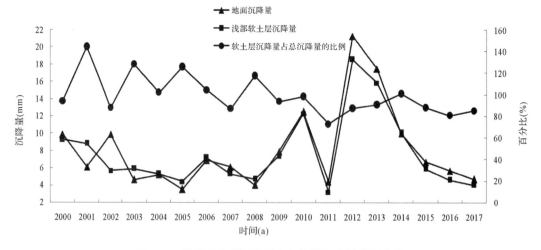

图 7-18　浅部软土层沉降量占年地面沉降量的百分比

结合图 7-18 分析,浅部软土层的年沉降变形量与年度总沉降量趋于一致,在地面标年沉降量中占绝对大的比重,具体为地下水限采期间(2008 年前),其比重范围为 57.6%～144.3%,均值 106.7%;禁采后,其比重范围下降到 72.7%～101%,但均值仍为 88.7%。历年沉降监测数据分析表明,宁波地面沉降监测中心区浅部软土层的沉降变形量与地面沉降量高度吻合,软土层的沉降变形是导致宁波市地面产生沉降变形的内在主导因素。

7.4.4 浅部软土变形特性分析

(1)软土物理力学特性分析

为获取浅部软黏土物理力学性质指标,分析软土特性,依托宁波市轨道交通 1、4 号线岩土工程勘察,选取沿线 77 个取样孔中的浅部第四纪海相软土 940 个 30 cm×10 cm 的原状土样。对土样的物理性质指标、变形系数(压缩系数、压缩模量)、渗透参数进行相关统计分析,各参数均采用均值参与分析。海相软土各层物理力学性质指标见表 7-3。

表 7-3　软土层部分物理力学性质指标

层号	名称	土体物理力学性质指标											
		$W/\%$	$\gamma(kN/m^3)$	S_r	e	W_L	I_L	$a_{0.1-0.2}$ (MPa^{-1})	E_{s1-2} (MPa)	$K_v(10^{-6}$ cm/s$)$	P_c (kPa)	$C_{V0.2}(10^{-3}$ cm²/s$)$	C_c
1	硬壳层	34.1	18.8	96.8	0.96	43.4	0.52	0.49	4.14	0.247	208.5	1.12	/
2		47.8	14.2	96.4	1.4	41.1	1.4	1.1	2.3	0.3	105.6	0.8	0.4
3	软黏土	30.8	18.7	92.8	0.9	30.4	1.1	0.5	4.3	5.3	223.8	2.8	0.2
4		41.0	17.6	93.6	1.2	41.1	1.0	0.8	3.0	0.3	171.6	1.1	0.4

指标分析显示:浅部软土含水量均值 39.8%,饱和度均值 94.3%,孔隙比均值 1.17,压缩系数均值 0.8,渗透系数均值 $1.96×10^{-6}$ cm/s;指标表明软土具有天然含水量高、饱和度高、孔隙比大、压缩系数大、渗透性弱、承载力小等物理力学特征。

(2)软土固结状态分析

根据超固结比 OCR 的数值大小,可将土层分为正常固结土、超固结土和欠固结土。正常固结土层的固结过程已经完成,只有在附加应力作用下,土层才会继续产生压缩变形,引发地面沉降;超固结土层,只有附加应力大于先期固结压力与自重压力的差值时,才会产生压缩变形,引发地面沉降;对于欠固结土,由于在地质历史过程中的先期固结压力小于现有自重压力,土层在自重应力作用下的固结尚未完成,因此在没有附加应力作用下,土层在自重应力作用下也会产生压缩变形,引发地面沉降。结合宁波轨道交通 1 号线岩土工程勘察,在浅部软土(②、③、④层)采取的原状土样中选取 19 个土样进行高压固结试验以获取不同土层先期固结压力及超固结比。室内高压固结试验结果见图 7-19、7-20。

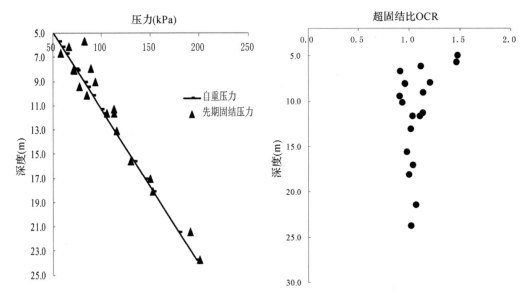

图 7-19　软土期固结压力随深度变化曲线　　图 7-20　软土超固结比随深度变化曲线

高压固结试验结果表明,19 个土样中正常固结(OCR＝1)和超固结(OCR＞1)样品均为 8 个,欠固结(OCR＜1)样品为 3 个。曲线显示,在地面下 5~25 m 厚度范围内分布的软土,上部土体的超固结比大于下部土体,土体超固结比位于 0.9~1.5 之间,平均值1.1,综合考虑为正常固结土。

根据附加应力传力原理,由于地面附加应力的影响,随深度增大浅部软土受附加应力作用的影响逐渐减小,导致上部土体早于下部土体产生固结变形,由此图 7-20 呈现出浅部软土超固结比整体上随深度的增加而减小的变化趋势。

(3)软土变形特征分析

结合软土的物理力学特性及固结状态分析,由于软土具有高压缩性、低强度、易发生压缩变形等特性且为正常固结土,因此综合分析表明宁波平原地区浅部的软土在自重应力作用下不会发生沉降,其沉降变形实质为附加应力作用下的固结变形。

另外,根据宁波市轨道交通土层特殊力学指标统计,浅部软土具有强结构性,灵敏度一般为 3~6。强结构性软土在附加荷载作用下产生的压缩变形一般为纯塑性变形,具有不可逆性。

总而言之,宁波地面沉降具有以下特点:

①宁波地面沉降本质上是由于软土层(②、③、④层)压缩变形引起的地面沉降的直观表现,下部软土厚度的大小及其应力状态与宁波市区地面沉降的发展趋势和空间分布密切相关。

②宁波地面沉降监测中心区浅部软土层的沉降变形量与地面沉降量高度吻合,软土层的沉降变形是宁波市地面产生沉降变形的内在主导因素。

③宁波浅部分布的软土为正常固结土,在自重应力作用下不会发生沉降,其沉降变形实质为附加应力作用下的固结变形。

④强结构性软土在附加荷载作用下产生的压缩变形一般为纯塑性变形,具有不可逆性。

7.5　不同影响因素下地面沉降特征分析及影响因素评价

7.5.1　宁波市地面沉降控制因素分析

目前,城市地面沉降的影响因素主要由以下几种:

(1)抽吸地下水引起水位或水压下降而造成的地面沉降;

(2)地质构造运动和海平面上升造成的地面沉降;

(3)地下水位上升或地面水下渗造成的黄土自重湿陷;

(4)建筑物基础沉降时对附近地面的影响;

(5)地下洞穴或采空区的塌陷;

(6)大面积堆载造成的地面沉降;

(7)车辆等动荷载;

(8)欠压密土的自重固结。

宁波作为典型的软土地区,市区地下水在 2008 年已全面禁采,区域地质构造稳定,沉降监测区未见大面积地下洞穴、采空区等地下埋藏物,且浅部软土为正常固结土,不存在自重固结沉降现象等。经现场调查,地面沉降监测点周边环境较为复杂,多位于道路绿化带、居民小区、学校、商业大厦、厂房、农田等。

结合研究区区域地质、工程地质及土体物理力学特征、沉降监测点周边环境和宁波地面沉降及城市发展历史、现状,综合分析与宁波市地面沉降关系最为密切的应为前期(2008 年前)市区地下水抽取的滞后效应、城市建设中(新城区建设)的大面积场地平整回填堆载、城市快速发展过程中日益增长的交通动荷载和建筑物基础沉降时对附近地面的影响等四种主要影响因素。

7.5.2　不同沉降影响因素下地面沉降特征分析

(1)地下水禁采前后地面沉降特征分析

依据相关资料统计分析,地下水禁限采期间开采量,地面沉降监测中心年沉降速率与年份关系见图 7-21、7-22。

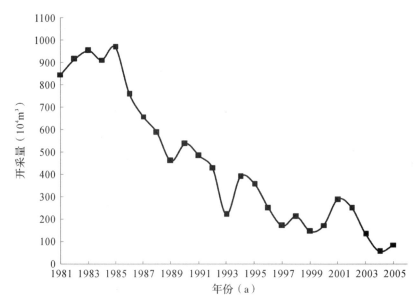

图 7-21　禁采前地下水开采量-年份关系曲线

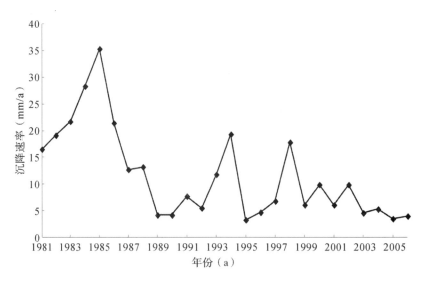

图 7-22　禁采前地面沉降速率-年份关系曲线

图 7-21、7-22 地面沉降监测中心累计沉降量与地下水累计开采量关系曲线表明,二者具有较好的线性关系。1986—2008 年宁波市地下水限采期间,年地面沉降速率整体上随着地下水开采量的减小而逐年降低。

2008 年后,宁波市区实施对地下水全面禁采的措施,基本实现了地下水的零开采。禁采后相关关系曲线见图 7-23。

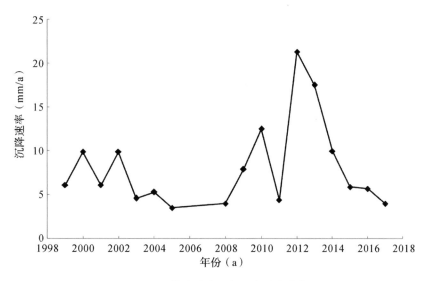

图 7-23 禁采后地面年沉降速率变化

自 2008 年对市区地下水全面禁采后,除 2012—2013 年有一定幅度波动外(期间周边基坑开挖及工程建设的影响),其余年份年沉降速率整体上较稳定,速率相对较小,保持在 10 mm/a 以下。2008—2017 年年均沉降速率为 9.3 mm/a,虽沉降速率较稳定,但监测数据表明宁波市地面沉降现象并未停止。

综合分析表明:在宁波市区地下水开采期间,地面沉降特征与地下水的开采量的关系密不可分,在相当一段时期地下水开采量是导致宁波发生地面沉降的主要因素,但随着 1986 年宁波市政府对市区地下水的限采,宁波市地面沉降速率逐渐得到控制,呈现出稳定的发展态势,到 2008 年宁波市地面沉降基本稳定。但自 2008 年后,在市区地下水零开采的情况下,宁波市地面沉降仍呈现一定的速率,表明地下水已不再是引发当前宁波地面沉降的主导因素。

(2)人类城市活动荷载作用下地面沉降特征分析

人类城市活动荷载作用主要包括地面堆载、交通动荷载、大型建(构)筑物荷载等。

①地面堆载

地面堆载主要是在宁波新城区新近建(构)筑物、道路、绿化等建设过程中为获得较高的地面高程或对原存在的河沟进行填埋,从而在原地表处回填一层由碎石、砾石、黏性土等土质组成的填土层,厚度最大 5 m 左右,其密实度较差,在上部荷载及自身重力作用下易产生压密沉降变形。沉降监测区地面堆载厚度空间分布见图 7-24、7-25。依据沉降监测点监测数据,不同填土厚度下部分监测点历年沉降变形见图 7-26。监测点沉降速率随时间变化曲线表明,填土厚度越大,监测点沉降速率越大。对于监测点 IJC117、JC207,监测期间,随着时间的推移,前期沉降速率呈现出递减的变化趋势,后期沉降基本稳定,但仍以 10 mm/a 左右的沉降速率发展。监测点 IJC045 地面填土厚度为零,下部土体由于不受外部附加荷载的作用,其应力状态基本维持不变,从而不会产生沉降变形,监测年沉降速率在 0 mm/a 上下波动,稳定在测量误差范围内。填土荷载作用下,由于填土自身在自重作用下的挤密、压缩和下部软土层的压缩固结变形,从而导致前期沉降变形速率较大,后期由于填土自身压密变形停止,主要由下部软土层的压缩固结沉降引起的地面沉降变形,但由于填土附加荷载的长期存在和软土的低渗透性导致其压缩固结变形是一个长期排水固结过程,由此后期沉降变形将持续存在。综合分析表明:填土荷载作用下的宁波地面沉降变化特征是由填土自身和下部软土的物理力学特性共同作用叠加的结果,其沉降变形将持续较长一段时间。

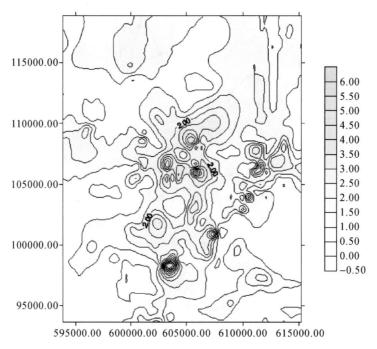

图 7-24 填土厚度分布等值线图

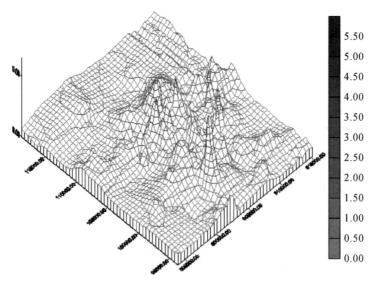

图 7-25 填土厚度分布表面图

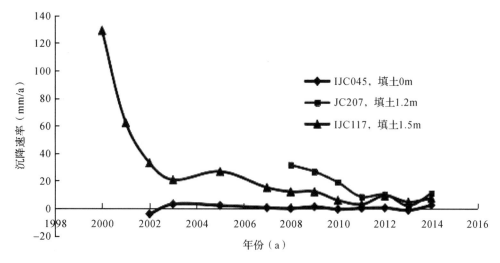

图 7-26 不同填土厚度下监测点沉降速率随时间变化曲线

②交通动荷载

填土厚度 H＝0 时,地面动荷载(车辆振动荷载)作用下监测点沉降变形曲线见图 7-27。

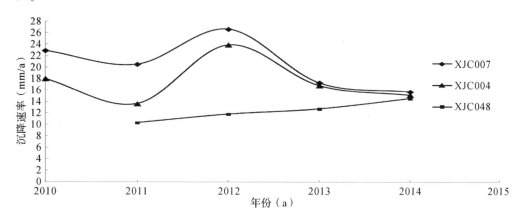

图 7-27 地面动荷载作用下各监测点年沉降变形量随时间变化曲线

监测数据显示:各监测点由于紧靠市政道路,在地面交通荷载速度效应和循环效应作用下,使得下部具有震陷特性的软土产生固结变形,以较大的年沉降速率(>10 mm/a)发展。结合监测数据、交通荷载特性及软土的工程特性,在其作用下地面沉降速率在短期内无减小的发展趋势。

③大型建(构)筑物荷载

地表各类建(构)筑物的荷载全部是由相应地下土体承担,从而对地质环境造成显著的影响,对地面沉降的影响也很明显。宁波市地面沉降监测区部分建筑物附近沉降监测点历年沉降监测数据见图 7-28。

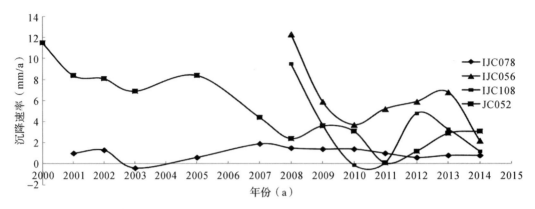

图 7-28　建筑物荷载作用下监测点年沉降变形量随时间变化曲线

结合沉降监测点现场状况及沉降监测点历年沉降监测数据综合分析:在建筑物荷载作用下,其周围地面沉降监测点的地面沉降速率与监测点和建筑物的位置密切相关,即沉降监测点距离建筑物越近,沉降变形速率越大,距离越远,沉降速率越小;在建筑物荷载作用下,其周围监测点整体上呈现前期沉降速率稍大,后期趋于稳定的沉降变形特征,且沉降速率不大,维持在较低的水平。监测数据分析表明,建筑物荷载引起的地面沉降仅限于建筑物自身及其周围,当以建筑群的形式出现时,由于沉降的叠加作用,地面将以区域性的沉降漏斗的形式出现。

综上分析,可以得到以下结论:

①在宁波市区地下水开采期间,地面沉降与地下水的开采量的关系密不可分,在相当一段时期地下水开采量是导致宁波发生地面沉降的主要因素。

②填土荷载作用下,地面沉降变形量由其自身与下部土体共同组成,呈现出前期沉降速率大,后期以稍大的速率持续发展的特征;由交通动荷载引发的地面沉降将长期保持较大速率,且随着交通量的增大其沉降速率有进一步增大的趋势;建(构)筑物引发的地面沉降与距自身的距离有关。

③填土引发的地面沉降区域主要由填土的范围、厚度及地下浅部软土层厚度决定;而交通动荷载引发的地面沉降具有沿线路带状分布的特征;建(构)筑物群易引发区域性沉降漏斗。

④人类活动引发的城市地面沉降现象是一种缓慢发展的城市地质灾害现象,也是现代城市快速发展中常见的地质现象,将伴随着城市的发展持续存在。

⑤交通荷载(线路工程地面沉降)、地面填土堆载是现阶段诱发宁波市地面沉降的主导因素。

7.5.3　宁波市地面沉降机理分析

分析表明,宁波城市建设、发展过程中的地面填土堆载、交通动荷载、建筑物荷载等是诱发软土层土体变形的外在因素。而研究区浅部广泛分布的软土层(②、③、④层)土体的塑性压缩变形是引发宁波地面沉降的内在因素。因此地表荷载作用下软土层的沉降变形机理即为宁波市地面沉降机理。

(1)早期地下水开采引起地面沉降机理分析

根据土体有效应力原理,即 $\sigma = \sigma' + u$,抽水之所以引起土层的压密,是因为水位的下降破坏了原土体中孔隙水压力分布的平衡状态,孔隙水压力降低,有效(粒间)应力增加,从而导致土层的固结沉降。反之,采取回灌方式向含水层灌水,则随着水位回升,土层中的孔隙水压力亦回升,黏结力减小,土层回弹。

抽取地下水造成土层中有效应力的增加(即固结初始条件),其力学效应基本上可归结为浮托力降低与自重应力的增加。前者为抽取地下水降低了压缩层上端边界的孔隙压力(或水头压力),使其上部原由这一被降低了的孔隙水压力所浮托的荷载逐渐转移到压缩层的土骨架上成为有效压缩荷载;同时地下水位的下降,导致压缩层上部土体有效重力增加,使压缩层承受的应力增大,从而导致作用在土骨架上的有效应力增加。最终增加的应力都将作用于土骨架上而压密土层。压密随时间的延滞及土的渗透性而异,当土体中各点的孔隙水压力达到新的平衡状态,土的压密亦结束。

沉降监测区受此影响的土体主要为浅部软土层(②、③、④层)和下部硬土层(含砂层),在地下水位变化期间,其变形沉降机理分别为:

①黏土层变形机理

宁波平原为正地形向斜的断陷盆地。第四纪厚度在平原区为 $85 \sim 100$ m,到滨海增至 120 m。含水层之上覆盖较厚饱和的淤泥、淤泥质软土,地下水补给困难,当大量开采地下水时,承压含水层水位大幅度下降,各黏性土层释水,土体自身重度增加,导致孔隙水压力减小,上部自身重度增加,最终导致土层压缩变形而产生地面沉降。

在比较小的应力作用下,黏性土发生的变形是不可逆的塑性变形,具有永久性,这在地面沉降中起着重要的作用。除此之外,因为黏性土还具有透水性差的特性,从水位的变化引起孔隙水压力的变化还需要一定的时间,所以有效应力的增长与黏土层压密变形之间在时间上存在一定的滞后性,滞后时间的长短与黏土层的厚度、透水性有关,一般情况下,厚度越大,透水性越差,其滞后时间越长。

②含水砂层的变形机理

砂和砾石等一些粗颗粒沉积物的压缩性很小,透水性较好,其沉降变形主要为可逆的弹性变形。即在抽水过程中由于水位下降、孔隙水压力降低时有效应力增加,砂层即发生压密现象;当水位回升、孔隙水压力上升时有效应力相对减小,砂层的变形便以回弹的形式恢复。

黏土层及含水砂层的不同变形特征导致在宁波市地下水限禁采水位恢复期间出现软土层沉降变形量超过地面总沉降量的情况。

(2)城市发展、建设引发地面沉降机理分析

随着社会经济的发展,大规模的城市建设在宁波市区尤其在新城区快速兴起与发展。分析表明场地平整堆载、建(构)筑物荷载、交通动荷载等人为活动造成的地面表部荷载已成为影响地面沉降不容忽视的因素。上述影响因素通过相互的叠加,作用于下部土体上,造成研究区广泛分布的软土体产生较大的竖向压缩变形,在软土体自身侧向流变等特性的影响下,最终导致宁波市地面沉降呈现出新的变化特征。

城市建设和交通动荷载等地面荷载引起地面沉降的机理同样适用于太沙基有效应力

原理的分析,即土体承受上部荷载,并且传递附加应力的规律,同样符合有效应力原理,即土的变形压缩只取决于有效应力的变化。对于研究区普遍存在的饱和土体(软土层),土体受外力作用后,土骨架和孔隙中的水共同承担外力作用。土骨架通过颗粒之间的接触面进行应力的传递,即有效应力;孔隙水通过联通的孔隙传递所承受的法向应力,即孔隙水压力。饱和土体的压缩过程与超静孔隙水压力的消散过程相一致。对于饱和砂土,其孔隙体积小,透水性好,在压力作用下,超静孔隙水压力很快消散,压缩可很快完成,但由于其强度高且附加应力向下的传递过程中的消散作用,其压缩量较小;对于饱和黏性土而言,其透水性弱,在压力作用下超静孔隙水压力消散很慢,土的压缩常常需要相当长的时间才能完成,压缩量较大。如饱和厚层黏性土由建筑荷载引起的沉降往往需要几年几十年甚至更长的时间才能完成。

①场地平整加载沉降

随着宁波经济建设的发展,宁波涌现出一大批新的城市区、工业园区等大型建筑群,这些地区为了达到设计标高,往往进行场地大规模回填平整。以东部新城为例,相关资料表明:整个区域普遍存在层厚 0.4～6.6 m 之间的素(杂)填土,平均厚度约 2.08 m,其结构松散～稍密,成分复杂,主要由碎石、块石、黏性土及建筑垃圾等组成,碎块石大小混杂,粒径一般为 2～30 cm,个别大于 50 cm,土质极不均匀,各处组成成分差异较大,沿线道路表面为混凝土或沥青路面,浅部以碎块石为主,下部多以黏性土混碎石为主,重度一般取 20 kN/m³,即相当于对原地面施加 8～132 kPa,均值 41.8 kPa 的附加压力,该层下部即为典型的高压缩性淤泥质软土,上部的填土引发的附加应力必然会引起该层淤泥质土体的压缩变形,从而引起地面的沉降。部分地段填土厚度人工开挖揭露见图 7-29。

地面填平堆载作用下,沉降监测点的沉降监测值由填土自身压密沉降量和下部软土层在附加应力作用下的压缩变形量构成。

图 7-29　东部新城表部填土开挖图

②交通荷载作用下的软土沉降

车辆荷载的确定,参考《公路软土地基路堤设计与施工技术规范》,选取典型的载重为 200 kN 的货车,前轴重力为 70 kN,后轴重力为 130 kN,前轴着地面积为 0.30 m×0.20

m,后轮着地面积为 0.60 m×0.20 m,汽车平面尺寸及荷载作用示意图见图 7-30。

交通荷载是一种动荷载,其大小随时间发生变化。动荷载作用于土体,主要有两种效应:速度效应,即荷载在很短的时间内以很高的速率施加于土体所产生的效应;循环效应,即荷载的增减,多次往复循环施加于土体所引起的效应。

速度效应和循环效应对土体产生的效应常采用拟静力法进行荷载等效,高速公路地基内由卡车引起的竖向动附加应力为静止时的 4～5 倍。由此在交通动荷载作用下,下部软土层土体产生较大的压缩变形,进而表现出地面的沉降变形。

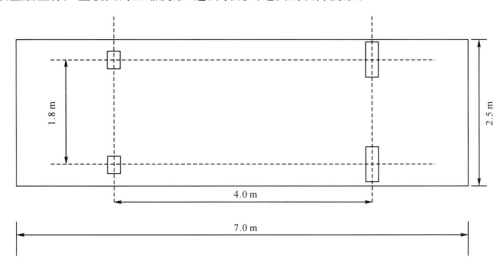

图 7-30　200 kN 汽车平面尺寸

对于采用天然地基的城市道路工程,在大量重复且数值较大的车辆附加应力的作用下,必然将引起浅部软土体的竖向压缩变形,进而诱发沿城市道路出现带状地面沉降现象。

(3)轻型建(构)筑物及城市道路

轻型建筑物一般利用宁波市区普遍存在的 1 层可塑状黏土(硬壳层)为持力层,采用天然地基或浅基础,在地基土层上建造建筑物后,建筑物的荷载直接或通过浅基础传递给地基,使地基土层中原有的应力状态发生变化,地基产生附加应力,从而引起地基变形,包括侧向变形和竖向变形,竖向变形即表现为使地基产生沉降,轻型建(构)筑物的间距不同,最终导致建筑物本身及周边地面的沉降。

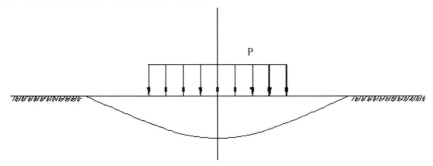

图 7-31　浅基础地基沉降变形特征

(4)大型建(构)筑物

随着宁波城市建设步伐的加快,大型桥梁工程、隧道工程、轨道交通工程、高大建(构)筑物在宁波市区进行大规模建设。为满足这些建(构)筑物的荷载需要,设计往往采用桩基,由此,长桩、超长桩在宁波市区得到广泛的应用。建(构)筑物通过桩基,将其上部荷载传递到桩基持力层,再以附加应力的形式传递至桩端下部土体,在附加应力的作用下,深部土体被压缩变形,进而引起建(构)筑物自身和周围地面的沉降。建(构)筑物之间附加应力的扩散造成相互影响的叠加,最终出现整个建筑群的区域性地面沉降,建筑物桩基引起深部土体压缩沉降示意图见图7-32。

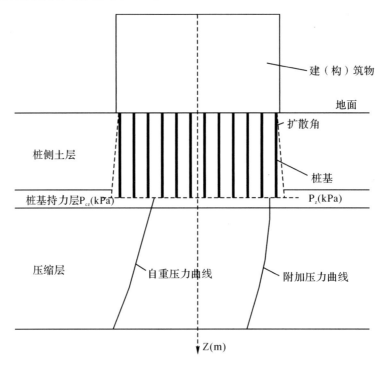

图 7-32　深层土体沉降示意图

结合新时期宁波市地面沉降成因及其机理综合分析:宁波地面沉降发生的本质为宁波市区广泛分布的软土层在上部荷载作用下的竖向压缩变形和侧向流变的综合表现,其诱发因素为城市建设和发展过程中的各种堆载填土、车辆动荷载及各类建(构)筑物荷载等。工程地质条件、地表荷载空间分布和附加应力的传递路径不同,导致地面沉降速率、面积也不同,即软土层厚度和地表荷载大的地方,软土沉降变形量也大,地表以沉降漏斗的形式出现。

本章在丰富翔实的宁波市地面沉降区区域水文、地质,工程地质水文地质资料及历史沉降监测数据的基础上,通过数据搜集、整理、分析,野外地质环境调查、理论分析,从工程地质水文地质的角度,对宁波市地面沉降的成因和沉降机理进行了分析和探讨,得出以下结论:

①宁波市区广泛存在的软土层(②、③、④层土体)的压缩固结变形是引起宁波地面沉降的最根本工程地质条件。

②宁波市快速发展、建设中出现的大面积地面填土堆载和交通动荷载已取代地下水的开采成为现阶段诱发宁波市地面沉降的主导因素。

③宁波地面沉降发生的本质是软土层在表部附加应力作用下的竖向固结和侧向流变变形。

④在表部荷载作用下浅部软土层呈现出塑性变形的特征,由此,现阶段宁波市地面沉降变形具有不可逆性,回灌地下水已不能使沉降漏斗发生显著回弹。

⑤依据软土的震陷性和交通荷载的特殊性,由交通动荷载引发的地面沉降将长期保持较大速率,且随着交通量的增大其沉降速率有进一步增大的趋势;由于填土荷载固定性和稳定性随时间逐渐变好,由此引发的地面沉降在前期经历较大的沉降速率后,后期将保持较小的沉降速率,直至稳定。

⑥填土引发的地面沉降区域主要由填土的范围、厚度及地下浅部软土层厚度决定;而交通动荷载引发的地面沉降具有沿线路带状分布的特征。

⑦由表部荷载引发的城市地面沉降现象是一种缓慢发展的城市地质灾害现象,也是现代城市快速发展中常见的地质现象,在宁波市域软土地区将长期存在和发展。

7.6　大面积填土荷载作用下软土城市土体固结变形特性有限元分析

7.6.1　有限元建模

PLAXIS 是一套用于分析岩土工程中的变形和稳定性问题的有限元软件包,专门为岩土工程研发,功能强大,用户界面友好,为解决岩土工程问题提供了一套强有力的专业分析工具。PLAXIS 提供了丰富的本构模型,包括线弹性模型、摩尔—库伦模型、软化和硬化模型以及软土流变模型。可模拟施工步骤,进行多步计算,且后处理简单、方便。该程序能够计算平面应变和轴对称问题,能够模拟土体、墙、板、梁结构以及结构和土体的接触面、锚杆、土工织物、隧道、桩基础等。

城市建设中的地面填平堆载平面范围分布大,由此引发的地面沉降可以按平面应变问题处理,借助于 PLAXIS 软件建立平面应变模型进行二维有限元计算分析。

（1）土体本构模型及其参数的选取

Mohr-Coulomb 为理想的弹塑性模型,可以对各种类别的土体进行较好的模拟,该模型所需参数均能从土样的基本试验中获得,由此对各黏性土层土体的模型采用 Mohr-Coulomb 模型进行模拟,考虑到固结计算,各土层视为不排水材料。地基土分布及模型参数取值如表 7-4。

表 7-4　地层分布取值表

层号	土层名称	厚度 /m	重度/ kNm^{-3}	压缩模量 Es/MPa	内摩擦 角/°	黏聚力 /kPa	泊松比 μ	渗透系数	
								K_H (10^{-6}cm/s)	K_V (10^{-6}cm/s)
1	淤泥质粉质黏土	13.8	17.2	2.5	3.5	10.8	0.38	0.451	0.287
2	粉质黏土夹粉砂	3.5	18.7	4.3	23.4	13.8	0.35	19.4	19.0
3	淤泥质粉质黏土	9.4	17.6	3.3	8.6	17.9	0.38	0.448	0.273
4	粉质黏土	6.9	19.1	9.2	16.0	22.9	0.38	142.3	74.7
5	粉质黏土	13.7	19.3	7.5	8.5	23.3	0.38	67.0	126.1
6	粉质黏土	2.7	19.4	13.0	24.8	53.6	0.38	106.9	110.0

（2）几何模型的建立

基于对称性和尺寸效应，选取某一断面进行计算分析，几何模型仅在尺寸范围内取计算断面右半部分，即断面长度方向的 1/2 进行计算分析；对于建立的如图 7-33 的二维平面计算分析模型，模型尺寸选取如下：平面长度 100 m，深度 50 m，地表填土厚度 1.2 m，折算荷载 B＝25 kPa。经现场监测地下水位与原地面一致，计算范围内地基土层自上而下分布 6 个工程地质层，具体土层分布如表 7-4。

（3）边界处理及网格的划分

计算模型边界采用标准固定边界，即模型底部施加完全固定的约束，两侧边界施加水平位移约束，竖直方向自由。下部固结边界不封闭，两侧为封闭固结边界，不发生固结变形。

采用 15 节点的三角形单元进行网格的划分，为进一步提高数值计算结果的精确度，对模型的网格进行全局加密，加密后计算模型网格划分见图 7-34。

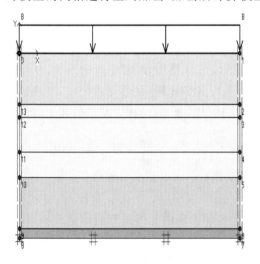

图 7-33　几何模型图

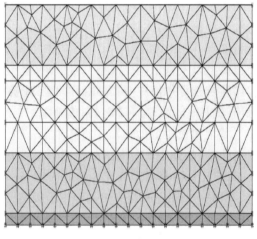

图 7-34　网格划分示意图

（4）计算工况

地面填土采用一级加荷完成，加载持续时间 5 天；对填土加载完成后的 1、2、3…年度进行分步固结计算，直至超静孔隙水压消散至接近于默认压力 1 kN/m²，即认为固结完成，由此结合各固结阶段的计算结果对土体在大面积荷载作用下的固结变形特性进行分析。

7.6.2　土体沉降变形特性分析

经分步固结计算，加载完成后的第 3278 天，即第 9 年下部土体固结完成，满足设定的默认最小超静孔隙水压力值。

（1）竖向沉降变形特征

根据有限元模拟计算结果，大面积荷载作用下，固结完成后土体最终竖向沉降变形云图及沉降量随深度变化曲线如图 7-35、7-36 显示，在上部附加荷载作用下，表层累计最大竖向沉降量约为 206 mm。土体 26 m 附近以下，占下部土体总厚度约 1/2 的 4、5、6 层的土体的累计沉降量仅为 50 mm，约占地表累计沉降量的 24%，而上部 1、2、3 层淤泥质土的竖向累计沉降量为 156 mm，约占地表总沉降量的 76% 左右。模拟计算表明，在附加载荷作用下，上部淤泥质土体的竖向沉降变形在地面沉降变形中占绝对大的比重。

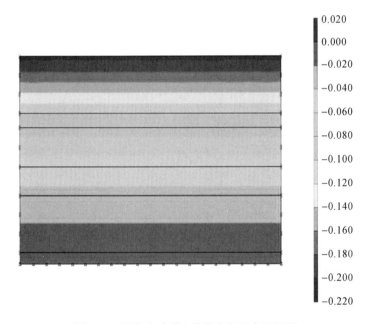

图 7-35　固结完成后土体竖向沉降变形云图

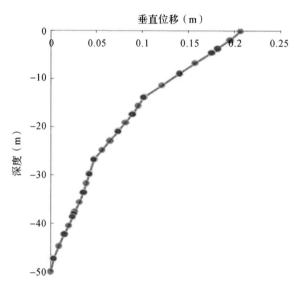

图 7-36 固结完成后土体竖向变形量随深度变化曲线

根据分步施工固结计算结果,绘制模型表面中点位置竖向沉降量随固结时间变化曲线如图 7-37。

在分步固结计算过程中,图 7-37 沉降量-时间曲线呈现"陡变型"的变化趋势,拐点出现在第 4 年,此时地面沉降量为 182 m,固结度已达 88%;此后至第 9 年土体固结完成的 5 年时间内,固结沉降量仅为 24 mm,占总沉降量的比重仅为 12%,沉降量随时间增长呈缓慢增长的趋势。图 7-38 计算深度内土体竖向沉降变形随固结时间变化曲线显示,在不同的固结时间段,同一深度的土体,其前期固结沉降速率显著大于后期,且后期固结趋势平缓,沉降量较小,曲线亦表明下部 26 m 以下的 4、5、6 层粉质黏土在固结发生 1 年后已基本完成固结,其竖向沉降变形量基本不变。

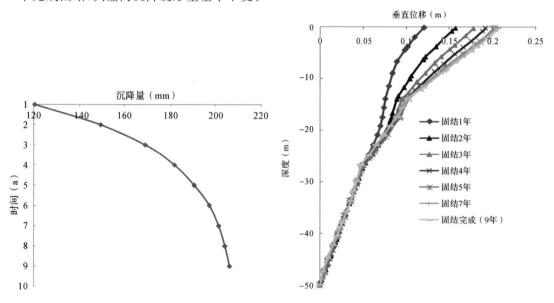

图 7-37 地面中点竖向沉降量随时间变化曲线

图 7-38 土体竖向沉降变形随时间变化曲线

（2）水平位移变形特征

固结完成后，取模型地基土各层中点所在深度为基准水平面，水平向距边界点 0～100 m 范围内各点水平向变形曲线如图 7-39。

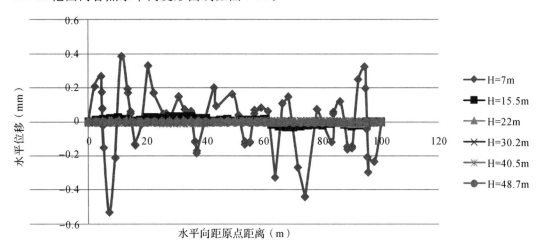

图 7-39　固结完成后不同深度土体水平累计变形曲线

图 7-39 固结完成后各层土体中点所在平面水平位移曲线显示，在上部附加荷载作用下，水平方向基本保持稳定，各层土体水平位移量为 0，仅表层土体出现 0.4～－0.6 mm 的微小水平位移。分析表明，在大面积荷载（填土厚度不大）作用下，若土体水平方向保持较好的均一性，则水平方向不会出现位移，进而不易出现地面沉降区域向附加荷载作用范围外扩散的现象。

7.6.3　土体孔隙水压力分布特征分析

（1）总孔隙水压力分布特征

在地下潜水水位与地表平行的条件下，不同深度处土体的总孔隙水压力由表部附加荷载引起的超静孔隙水压力和静水压力两部分组成，提取地表下 50 m 深度范围内土体在初期、加载完成和固结完成后的总孔隙水压力分布曲线见图 7-40。

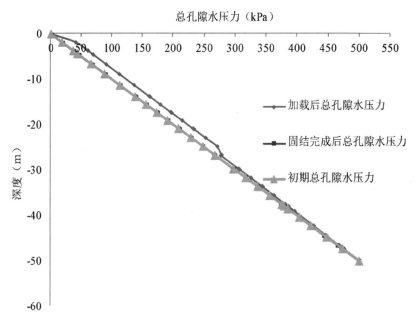

图7-40 初始、加载瞬间及固结完成后总孔隙水压力随深度变化曲线

图 7-40 显示,初期孔隙水压力和固结完成后总孔隙水压力的分布一致;在相同的深度,加载后的总孔隙水压力均大于初期和固结完成后的数值,且上部淤泥质软土层的总孔隙水压力比其他两个阶段的数值均大 25 kPa,即为表部附加荷载的数值,而下部土体加载后总孔隙水压力与其他两个时期的差值随着深度的增大逐渐减小,且均小 25 kPa,最终数值与两个阶段一致。数据分析表明,对于上部淤泥质土,在加载完成后,由于其微弱透水性,超静孔隙水压力不能及时消散,其附加应力全部由孔隙水压力承担,由此引起总孔隙水压力增加值与附加荷载大小一致;而下部软～可塑黏性土、砂土及部分碎石土,其具有中等透水性,在加载完成后的瞬间,部分附加荷载已转化为有效应力作用在土颗粒,从而使总孔隙水压力的增加值小于附加荷载,且随着下部渗透系数的增大,转换程度越高,即总孔隙水压力增加值越小。综合分析表明:上部附加荷载对下部淤泥质土体的影响显著,而对软～可塑的黏性土、砂土及碎石土的影响程度显著降低。

(2)超静孔隙水压力消散特性分析

依据计算结果,初始状态、加载结束和固结完成后土体超静孔隙水压力分布如图7-41。土体在固结完成后,其超静孔隙水压力分布与土体初始状态基本一致,即超静孔隙水压力已经完全消散,其值为 0,但由于淤泥质土的低渗透性且在模型计算终止条件下,其最终数值默认最小值为 1 kN/m²;结合不同时期的超静孔隙水压力随深度分布情况,其实质是在淤泥质土层,上部附加荷载全部转为超静孔隙水压力。由于附加应力传递的消散和下部土体物理力学性质相对较好,下部软～可塑粉质黏土承担的附加荷载显著小于上部淤泥质土体,随着土体固结的发展,超静孔隙水压力均逐渐消散,最终伴随着固结的完成,土体的应力状态回到初始状态,即超静孔隙水压力为 0,土体固结沉降变形完成,沉降停止。

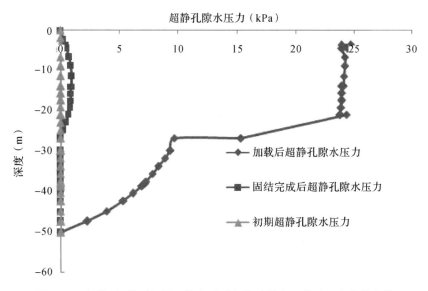

图 7-41　初始、加载瞬间及固结完成后超静孔隙水压力随深度变化曲线

综上所述,对大面积填土荷载作用下的土体固结变形特性进行了二维有限元模拟分析,得到以下结论:

①填土荷载作用下,上部淤泥质土体的竖向沉降变形在地面沉降变形中占绝对大的比重;

②对于均一性较好的土体,大面积荷载(一定厚度填土)作用下土体不易出现侧向流变现象,即不易出现地面沉降区域向附加荷载作用范围外扩散的现象;

③填土荷载对上部淤泥质土体的影响程度远高于下部黏性土;

④上部附加荷载的传递不仅与深度有关,还取决于土体的物理力学性质。

7.6.4　应对措施分析

针对宁波市地面沉降特征,尤其是 20 世纪 90 年代以后,大规模城市化建设诱发的工程性地面沉降问题逐年凸显等,宁波市先后出台了一系列应对措施,如制定地面沉降防治规划,确定了具体目标;对地面沉降进行严密监测,不断扩大监测区范围,监测范围已覆盖整个宁波城区;在原有地面沉降中心分层沉降监测标的基础上又在宁波中心城区的庄桥、东部新城、鄞州中心区和潘火—下应四个沉降中心区及梅山岛新建了多组分层沉降标及基岩标。根据本课题的分析,宁波市现阶段地面沉降的主导诱发因素已由城市建设发展中的大面积填土荷载和交通动荷载(线路工程)取代地下水的开采及滞后效应。两种诱发因素下地面沉降的特征及机理不同,因此本课题对现阶段宁波市地面沉降特征及诱发机制,仅从地面沉降监测及防控技术角度提出相关的措施建议。

(1)InSAR 技术和水准测量的融合应用研究

宁波市地面沉降监测目前主要采用水准测量技术,水准测量技术虽然精度高,但其布设范围、布设密度、监测的连续性等方面仍然存在一定不足,很难给出整个监测区域的变化趋势。而 InSAR 地表沉降监测技术可以大范围、高密度地监测整个区域的地表沉降情况,InSAR 卫星影像数据能实现短至几天时间的重访周期,完成对监测区域的不间断连续观测。随着 InSAR 地表沉降监测技术的不断发展和成熟,开展 InSAR 地表沉降监测已经成为主流趋势。可以在对 InSAR 监测数据和水准监测数据的符合性、一致性进行比对分析研究的基础上,开展 InSAR 与水准测量融合应用进行地面沉降监测。

(2)开展工程性地面沉降专项监测

在监测对象上,将密集高层建筑群、基坑工程、快速干道、轨道交通、过江隧道等各类工程对象纳入工程性地面沉降监测网,逐步建立工程性地面沉降全要素监测;在监测区域上,重点监测工程对象周边 3~6 倍基坑开挖深度的区域范围,掌握工程性地面沉降空间分布形态;在监测时间上,将目前单个工程的沉降监测从建设期顺延至运行期,掌握工程对象运行期对地面沉降的影响,形成建设期和运行期长序列的地面沉降发育规律,为工程性地面沉降理论研究及防控措施提供基础数据。

(3)制定地面沉降监测与防治技术相关技术标准

随着宁波市地面沉降监测网络不断扩大和完善,监测技术也得到很大的发展和进步,但对于地面沉降监测的技术设计、监测网范围、监测网(点)布设、监测设施建设、监测方法和技术要求、监测频率、监测预警值以及地面沉降危害性评价、降水过程的设计和施工控制等地面沉降防治措施还没有具体规定,缺乏相关的技术标准。因此,结合宁波市多年地面沉降监测经验,有必要制定具体的技术标准,进而指导本地区地面沉降监测及防控,从而落实地面沉降监测以预防为主的基本原则,实现地面沉降防治的目标。

(4)加强岩土工程勘察、设计、施工质量控制

①开展详尽的地质勘察,为软土地区工程设计、施工提供可靠的依据

工程地质勘察是岩土工程设计、施工的重要依据,通过详细的地质勘察,查明场地工程地质条件,为设计施工提供需要的指标参数,确定合理的地下工程支护形式、开挖方案、开挖步骤和地基处理及地基加固措施,以解决由软土地区地下工程和地基处理工程设计、施工引发的工程性地面沉降问题。

②加强回填土施工质量控制

由于基坑、场地及道路回填土的施工质量控制达不到设计要求,尤其是填土压实度不够的情况下,在土体自身、地表活荷载等荷载的作用下产生压缩变形,且其工后变形持续时间较长,进而引发较为客观的地面沉降,因此要从填料的选择与处理、填料含水率范围的确定与控制、回填土的压实度及其质量检测等方面加强控制,以减少其表变形量。

7.7　本章小结

7.7.1　结论

(1)宁波地面沉降本质上是由软土层(②、③、④层)的压缩变形引起的地面沉降的直观表现,下部软土厚度的大小及其应力状态与宁波市区地面沉降的发展趋势和空间分布密切相关。

（2）浅部软土层的沉降变形是宁波市地面产生沉降变形的内在主导因素，其沉降变形实质为附加应力作用下的固结变形，且变形具有不可逆性。

（3）宁波市快速发展、建设中出现的大面积地面填土堆载和交通动荷载已取代地下水的开采及滞后效应成为现阶段诱发宁波市地面沉降的主导因素。交通荷载（线路工程地面沉降）、地面填土堆载在地面沉降中的影响权重分别为 38.7%、21.5%。

（4）对于均一性较好的土体，大面积荷载（一定厚度填土）作用下土体不会出现侧向流变现象，即不易出现地面沉降区域向附加荷载作用范围外扩散的现象。

（5）填土荷载对下部淤泥质土体的影响程度远高于下部黏性土。上部附加应力的传递不仅与深度有关，还取决于下部土体的物理力学性质。

（6）人类活动引发的城市地面沉降现象是一种缓慢发展的城市地质灾害现象，也是现代城市快速发展中常见的地质现象，在宁波市域将伴随着城市的发展持续存在。

7.7.2　建议

（1）由于填土的密实性较差（一般松散或稍密），部分监测点沉降监测变形量是由填土自身压密和下部软土压缩固结变形组成，在监测成果发布时应充分考虑填土自身的沉降量和下部软土层沉降量，同时在后期的水准监测点埋设中，应选择原状土为持力层，开展标准化监测点建设，以消除填土自身沉降带来的影响。

（2）以沉降监测区内轨道交通、大型建筑物群、桥梁、地下管线等重大工程为试点，开展地面沉降危害及防治措施研究，为解决城市工程建设中引发的地面沉降问题提供技术支撑。同时以便为宁波城市规划、工业布局、市政工程建设和其他大型建（构）筑物等的建设提供基础资料和技术支持。

第8章 城市浅层地下水对地下空间 开发利用影响研究

8.1 概述

随着经济的发展和城市化进程的加快,国内外许多大中城市都面临着地表空间资源紧缺的问题,向地下要空间已成为今后发展的必由之路。近年来,宁波市正逐步开发地下空间,包括地下公共空间系统、地下交通系统、地下市政系统和地下综合防灾系统等,根据有关规划,至 2020 年,宁波中心城地下空间开发总量将达 4000 万平方米,轨道交通线路 7 条。但宁波平原水文地质条件复杂,浅层地下水对地下空间开发和运营存在诸多不利影响。譬如,基坑开挖和盾构施工可能遇到涌水、流砂、坑底突涌等问题,容易造成开挖面失稳并造成安全事故,对周边原有建(构)筑物、地下管线等造成损害;工程施工中的基坑降水则容易引发地表不均匀沉降和过量沉降,对周边环境和建筑物造成损害;地下水的腐蚀性、地下水位变化则可能对地下工程的安全运营造成影响。因此,地下水对地下空间开发利用的影响就是地下水对工程建设评价的一个重点,也是勘察评价的一个重点。本次以宁波市为例,在深入调查宁波市的水文地质条件基础上,重点研究宁波市浅层地下水对地下空间开发利用的影响,并可为类似滨海软土城市提供借鉴意义。

8.2 研究区水文地质条件

8.2.1 研究范围

本次研究范围为宁波绕城高速以内的宁波中心城区,涉及海曙区、江北区、镇海区、北仑区和鄞州区等 5 个行政区,地跨东经 $121°24'40''\sim121°42'57''$,北纬 $29°46'38''\sim29°59'30''$,总面积约 513 km² (见图 8-1)。

研究区主要为滨海平原,在工作区边缘及外围局部为低山丘陵,其海拔一般在 400 m (1985 年国家高程基准,下同)以下,滨海平原面积 745.5 km²,标高 2.0~3.0 m,沿江两岸低洼处不足 2.0 m。

宁波海积平原的地貌特征为地形平坦开阔,河流纵横,境内河流有姚江、奉化江、甬江。地面标高在 2 m 左右,主要分布在宁波市区及沿海一带。市区主要由第四系全新统冲湖积层组成,地形开阔平坦,新垦滩涂低于 1 m,地貌类型单一,地势自西向东微倾,平原表面坡降小于 0.2‰。

研究区地貌上属滨海平原区,第四系厚度在 60~120 m 之间。

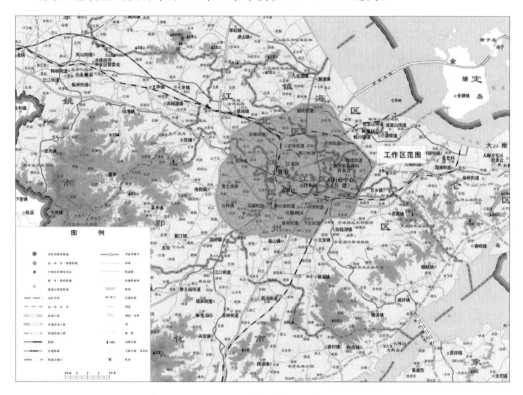

图 8-1　研究区范围示意图

8.2.2　地下水类型及含水层组划分

研究区地下水类型主要为松散岩类孔隙水,含水层组多。根据地下水的赋存条件、水力特征等将工作区地下水细分为 2 个亚类及若干个含水岩组(表 8-1),各含水层水质水量变化大,水文地质条件较复杂。

表 8-1　水文地质特征简表

地下水类型		含水层组划分	水文地质特征
第四纪松散岩类孔隙水	孔隙潜水	全新统中上组海积、冲湖积为主的潜水含水组	分布于平原浅部,水位埋深 0.4～2.6 m,民井单井出水量小于 5 m³/d,矿化度一般小于 0.5 g/L,易被污染,无大规模供水价值
	孔隙承压水	全新统下组冲海积粉砂、粉土含水层(浅部微承压水)	分布于宁波平原区浅部,顶板埋深 10.0～25.8 m,厚度 1.0～10.8 m,透水性一般,水量相对较小,水质为微咸水,局部地段为咸水
		上更新统上组上段冲海积粉细砂含水层(I_{1-1})	分布于宁波平原区中部,顶板埋深 33.6～50.1 m,厚度 0.8～16.8 m,单井涌水量 174～212 m³/d,除古林镇地段为淡水外,其余多为微咸水及咸水
		上更新统上组下段冲积中细砂、圆砾含水层(I_{1-2})	分布于宁波平原区深部,顶板埋深 43.4～60.1 m,厚度 2.4～20.7 m,单井涌水量 102～432 m³/d,水质多为微咸水及咸水
		上更新统下组冲积圆砾含水层(I_2)	分布于平原深部,顶板埋深 52.4～82.1 m,厚度 0.8～17.1 m,单井涌水量 130～952 m³/d,以微咸水为主,仅城区西侧的徐家漕地段为淡水
		中更新统上组冲积、冲(洪)积圆砾、卵石含水层(II_1)	分布于平原深部,顶板埋深 58.1～92.0 m,厚度 1.1～12.5 m,局部地段缺失,单井涌水量 186～507 m³/d,近山前地段属冲洪积相,富水性较差,宁波城区除东北部水质为微咸水外,其余地段均为淡水
		中更新统下组冲(洪)积含黏性土碎(砾)石含水层(II_2)	分布于平原深部,顶板埋深 79.5～99.2 m,厚度 0.7～14.1 m,局部地段缺失,近山前地段属冲洪积相,富水性较差,水质以淡水为主

　　根据研究区的地下水类型及埋藏分布情况可以看出,本次研究的对象为孔隙潜水、浅部微承压水和第 I 承压水(I_{1-1}、I_{1-2}、I_2)。

8.2.3　地下水补给、径流、排泄条件

　　(1)孔隙潜水

　　孔隙潜水接受大气降水补给,还接受农田灌溉水及河网地表水的补给,其渗透性能差,接受补给的量很少。孔隙潜水以垂直下渗为主,只在地表水体近旁及民井四周有小范围的水平径流,径流滞缓。蒸发是孔隙潜水的主要排泄方式。平原上民井水位变化幅度在 2～4 m,且遇旱季大多干枯。

　　(2)孔隙承压水

　　在平原边缘的沟口、山前地带接受孔隙潜水及基岩裂隙水的补给,但由于孔隙承压水的水力坡度很小,仅为 0.1°～0.15°,地下水逸流极缓慢,所以,能接受的补给量很小。孔隙承压水的逸流途径较长,流速极小,几乎处于停滞状态,仅在开采区周围才有较大的水力坡度和较快的地下流速。孔隙承压水的排泄方式主要为人工开采及"天窗"排泄。所谓"天窗"排泄,即含水层向海延伸,在水道深切割处,承压水通过泄水天窗排入海洋。如金

塘水道部分地段水深在 80 米以下,按此深度,已切穿上更新统的承压含水层,局部已揭露中更新统上部的承压含水层。但由于承压水几乎处于停滞状态,所以能通过天窗的排泄量也是不大的。总的说,平原深部承压水补给逸流、排泄分区明显,以侧向补给为主,逸流滞缓,人工开采及天窗排泄为主要排泄方式。

8.3　浅层地下水对地下空间开发利用的影响

宁波市浅层地下水对地下空间开发利用的影响主要有抗浮设防水位取值、地下水腐蚀性、流砂(管涌)、基坑涌水及基坑突涌等。

8.3.1　抗浮设防水位取值

(1)抗浮设防水位取值影响因素

为了更准确、合理地进行抗浮设防水位取值,首先需了解影响抗浮设防水位取值的影响因素。根据相关学者的研究分析并结合宁波地区经验,确定影响抗浮设防水位取值的因素主要有自然地理因素、水文地质条件、人为因素、意外因素等。

①自然地理因素

包括季节气候、场地地形地貌以及地下水补排条件,尤其是斜坡、河流、道路等,查明地表水与地下水的关联性。

宁波地区属亚热带季风气候,冬季以晴冷干燥天气为主,是本区低温少雨季节;春末夏初阴雨绵绵;夏秋 7—9 月间,天气晴热少雨,且常有热带风暴侵入,带来大风大暴雨等灾害性天气。因而相应于勘察期地下水位的年变幅应根据勘察所处季节来确定。同时,宁波地区位于宁波平原,地势多较为平整,故除山区外一般天然渗流影响不大;有甬江、奉化江、姚江等众多地表水系,与地下水联系紧密,因而对地下水有着较大的影响;由于宁波平原地区水位一般较高,道路标高与其相差不大,故对场地的排水有着较大的影响,应加以考虑。

②水文地质条件

了解区域及场地水文地质条件,查明地下水类型,并量测场地各层地下水的水位以及混合水的水位。工作区主要含水层分布及水文地质特征见表 8-1。

③人为因素

人为因素影响在这里主要是指人为施加的对地下水水位变化的影响,一般有地下水开采、后期施工设计等。宁波地区在 2008 年停止开采利用地下水,因此对地下水水位影响不大;后期施工设计中,主要有排水设计和地坪抬升,宁波地区一般多采用后期地坪加高方式进行回填,由于毛细水的影响,抗浮设防水位也应相应提高。

④意外因素

宁波地区意外因素主要是台风气候,一般多发生在下半年,由于台风的影响,水位会大幅提高,甚至引起海水回灌、内涝等现象,其对抗浮设防水位有着较大的影响,故应根据经验及实际情况,增加一定的安全度,尤其是考虑潜水水位最高者为抗浮设防水位的情况下,其受地表水影响较大,因而对建筑安全也影响较大。

（2）抗浮设防水位取值建议方法

①取值方法

关于抗浮设防水位取值方法,国内很多学者做过相关研究。如张思远认为抗浮设防水位应是基础所在地下水层的最高水位;黄志仑、李广信等采用图示方法说明当基础底面位于哪一个含水层时,那层地下水的最高水位就是抗浮设防水位;杨翠珠通过对北京地区实际情况进行分析,认为采用各含水层的最高水位为抗浮设防水位不合理;黄志仑等认为在多层地下水情况下,地下建筑物的抗浮设防水位应是基础底板所在地下水层的最高水位,同时认为场地有多种建筑物,应根据各自基底情况来确定抗浮设防水位,可摈弃场地抗浮设防水位;李旭平认为应根据基底的孔隙水压力确定抗浮设防水位。

在前人研究的基础上,笔者根据对抗浮设防水位影响因素的深入分析,结合宁波地区的工程实际,提出抗浮设防水位应在含水层最高水位的基础上,根据环境补排水条件（主要是河流、道路情况）以及人为因素进行修正,计算公式见式8-1和式8-2：

$$H_{imax} = H_{ismax} + H_{ay} + H_{ac} \tag{8-1}$$
$$H_{af} = H_{imax} + H_1 + H_2 + H_3 \tag{8-2}$$

式中：H_{imax}为第i层含水层最高水位;H_{ismax}为勘察期间第i层地下水最高水位;H_{ay}为地下水位相对于勘察时期的年度变幅;H_{ac}为可能的意外补给造成的该层水位上升值;H_{af}为抗浮设防水位;H_1为排水系统修正值（道路及其他排水设施排水）;H_2为河流补给修正值;H_3为人为因素影响修正值（后期地坪抬高以及排水设计等）。

②工程实例

宁波下应某学校,场地周边均为平原地区,场地标高为2.2～3.0 m,平均为2.6 m,拟建多层教学楼,地下室1层,埋深6.3 m,地层情况：上部0～1.5 m为可塑粉质黏土层,1.5～20 m为淤泥质土层,20～34 m为软塑黏土土层,34～40 m为粉土层。

a.计算含水层最高水位

根据区域资料,场地上部的地下水含水层主要为I_{1-1}承压水层及上部潜水层;由于地基基础主要位于淤泥质土层内,且勘察期间均采用水泥浆封孔,较好地与下部含水层隔离,故认为应采用上部潜水的最高水位来考虑。根据勘察期间观测,场地潜水最高水位为标高1.8 m。

根据地区经验,潜水水位年变幅一般在0.5～1.0 m,考虑勘察是在10—11月进行,根据当年气象资料,该段时间场地雨水较多,故年变幅可取小值0.6 m。同时考虑可能的台风影响造成水位提高,场地平均标高为2.6 m,可考虑台风影响值0.2 m。

因此,按照公式8-1计算,可得潜水最高水位为2.6 m。

b.计算抗浮设防水位

场地周边道路标高为3.0～3.2 m,潜水最高水位小于道路标高,故可不考虑道路的排水效应;场地约100米外为河流,但根据历史资料,场地未被洪水淹没,故其最高水位不超过2.6 m,小于潜水最高水位,可不予修正;根据设计资料,场地后期地坪将抬高至标高3.2 m以上,考虑到毛细水作用,可考虑修正值取0.2 m。

综上,按公式8-2进行计算,可得抗浮设防水位＝2.6＋0.2＝2.8 m,即抗浮设防水位可考虑取值为标高 2.8 m。

c.效果检验

按此结果,较按周边道路标高取值有所降低,实现了经济效益,同时该建筑在 2013 年双台风重大影响下也安然无恙,满足了建筑安全要求。

8.3.2　地下水腐蚀性

(1)孔隙潜水腐蚀性

宁波市轨道交通工程勘察中采集的孔隙潜水水质分析成果表明,平原区孔隙潜水一般为低矿化度淡水,水化学类型以 HCO_3—$Ca \cdot Na$ 型为主。按照《岩土工程勘察规范》(GB 50021—2001)进行判定,场地环境类型为Ⅱ类,浅部的孔隙潜水对混凝土结构一般具微腐蚀性,对钢筋混凝土结构中的钢筋在长期浸水条件下具微腐蚀性,干湿交替段具微~弱腐蚀性,对钢结构具弱腐蚀性,应采取相应的防腐蚀措施。

按照《混凝土结构耐久性设计规范》(GB—T 50476—2008)进行判定:孔隙潜水承台混凝土结构和桩基混凝土结构环境作用类型均为一般环境,作用等级为Ⅰ—C。

(2)孔隙承压水腐蚀性

根据宁波市轨道交通工程勘察资料,浅部各孔隙承压水腐蚀性评价结果如下:

③$_{1-2}$层微承压水:场地环境类型为Ⅱ类,按地层渗透性判断③$_{1-2}$层微承压水对混凝土结构具微腐蚀性,对钢筋混凝土结构中的钢筋具微腐蚀性,对钢结构具弱腐蚀性,宜采取相应的防腐蚀措施。

④$_{1-2}$层微承压水:场地环境类型为Ⅱ类,按地层渗透性判断④$_{1-2}$层微承压水对混凝土结构具微腐蚀性,在长期浸水段对钢筋混凝土结构中的钢筋具微腐蚀性,在干湿交替段具中等腐蚀性,宜采取相应的防腐蚀措施。

第Ⅰ$_{1-1}$层承压水:场地环境类型为Ⅱ类,按地层渗透性判断承压水对混凝土结构具微腐蚀性,在长期浸水段对钢筋混凝土结构中的钢筋具微腐蚀性,在干湿交替段具中等腐蚀性,宜采取相应的防腐蚀措施。

第Ⅰ$_{1-2}$层承压水:场地环境类型为Ⅱ类,按地层渗透性判断承压水对混凝土结构具微腐蚀性,在长期浸水段对钢筋混凝土结构中的钢筋具微腐蚀性,在干湿交替段具中等腐蚀性,宜采取相应的防腐蚀措施。

第Ⅰ$_2$层承压水:场地环境类型为Ⅱ类,按地层渗透性判断承压水对混凝土结构具微腐蚀性,在长期浸水段对钢筋混凝土结构中的钢筋具微腐蚀性,在干湿交替段具中等腐蚀性,宜采取相应的防腐蚀措施。

8.3.3　基坑流砂、管涌

(1)基坑流砂、管涌影响因素

流砂(管涌)通常是由于人类工程活动而引起的,如开挖边坡、开挖基坑等,多发生于砂性土层中。当砂性土层颗粒级配均匀时,所有颗粒在渗流作用下同时从一近似于管状通道被渗透水流冲走,即为流砂;当砂性土层颗粒级配不均匀时,颗粒大小比值差别较大,在渗流作用下土体中的细颗粒在粗颗粒形成的孔隙通道中发生移动并被带出,逐渐形成管形通道,即为管涌。流砂(管涌)发展结果是使基础发生滑移或不均匀下沉、基坑坍塌、基础悬浮等。

流砂与管涌均为常见的地下水渗透变形形式,但其产生的机理有所不同。流砂是在颗粒大小相差不大的砂土层中,由于孔隙率较小,透水性能弱,导致排水不畅,在地下水渗透力作用下顶穿砂土层形成管状通道带走颗粒物形成;而管涌是由于地下水渗透力作用,使得细颗粒物在粗颗粒形成的天然孔隙通道中流失形成,土层透水性能一般较强。

综上所述,流砂与管涌的形成条件均与土层颗粒级配密切相关,而土层的透水性能是土层颗粒级配的直观反映,因此,流砂、管涌与土层的透水性能亦有密切联系。

(2)基坑流砂、管涌可能性分级标准

①流砂、管涌判别方法

根据《水利水电工程地质勘察规范》(GB 50487—2008)附录 G.0.5 条规定,无黏性土渗透变形类型判别可采用以下方法:

不均匀系数小于等于 5 的土可判为流土。

对于不均匀系数大于 5 的土可采用下列判别方法(P 为细颗粒含量百分比):

a. 流土:P≥35%

b. 过渡型取决于土的密度、粒级和形状:25%≤P<35%

c. 管涌:P<25%

②流砂、管涌可能性分级标准

根据前文分析,结合本地区实际情况,本课题按照土层的透水性能大小与渗透变形的相关性,将产生流砂、管涌的可能性划分为大、中、小和极小四级,见表 8-2 至表 8-4。

表 8-2　含水层透水性分级表

透水性分级	强透水	中等透水	弱透水	极弱透水	不透水
渗透系数 k(cm/s)	$k≥10^{-2}$	$10^{-4}≤k<10^{-2}$	$10^{-6}≤k<10^{-4}$	$10^{-7}≤k<10^{-6}$	$k<10^{-7}$

注:参考《水利水电工程地质勘察规范》(GB 50487—2008)。

表 8-3　流砂可能性分级表

可能性分级	大(L4)	中(L3)	小(L2)	极小(L1)
分级指标	有砂土分布,颗粒级配均匀,弱透水性	有砂土分布,颗粒级配较均匀,中等透水性	有砂土分布,颗粒级配不均匀,强透水性	无砂土分布,极弱透水~不透水性

注:无实验室数据时,颗粒级配根据岩性特征进行定性判断。

表 8-4　管涌可能性分级表

可能性分级	大(G4)	中(G3)	小(G2)	极小(G1)
分级指标	有砂土分布,颗粒级配不均匀,强透水性	有砂土分布,颗粒级配较均匀,中等透水性	有砂土分布,颗粒级配均匀,弱透水性	无砂土分布,极弱透水～不透水性

注:无实验室数据时,颗粒级配根据岩性特征进行定性判断。

（3）浅层地下空间开发基坑流砂、管涌可能性评价

①评价空间域

浅层地下空间是指开发深度在 0～15 m 范围内的地下空间,一般为民用建筑与地下服务设施主要利用的空间域。

②基坑流砂、管涌可能性评价

由研究区的工程地质条件可知,15 m 深度以浅地下空间开发断面可能遇到的含水层为③$_{1-2}$层微承压水。③$_{1-2}$层粉土、粉砂细颗粒含量百分比 P=69.2%≥35%,初步判断可能发生流砂。

因此,根据③$_{1-2}$层微承压水透水性能,按表 8-3 对浅层地下空间开发基坑流砂可能性进行评价,评价结果表明,研究区浅层地下空间开发流砂可能性包含了大、中和极小三个等级,各等级所占面积见图 8-2。

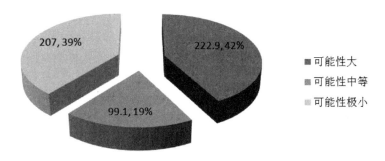

图 8-2　浅层地下空间开发流砂可能性评价结果饼状图

流砂可能性大区(L4):总面积约 222.9 km²,占比 42%,主要分布在海曙区西部高桥镇—石碶街道一带、江北区洪塘街道宅前张—庄桥街道压赛堰一带和鄞州区下应街道—邱隘镇一带等区域。

流砂可能性中等区(L3):总面积约 99.1 km²,占比 19%,主要分布在镇海区骆驼街道—江北区甬江街道—鄞州区梅墟街道一带。

流砂可能性极小区(L1):总面积约 207.0 km²,占比 39%,主要分布在海曙区核心区、鄞州区钟公庙街道及南部、梅墟街道东部、江北区洪塘街道和镇海区骆驼街道东部等区域。

（4）中层地下空间开发基坑流砂、管涌可能性评价

①评价空间域

中层地下空间是指开发深度在 15～30 m 范围内的地下空间,一般为地铁及大型地下设施利用空间域。

161

②基坑流砂、管涌可能性评价

由研究区的工程地质条件可知,15～30 m范围内地下空间开发断面可能遇到的含水层为④$_{1-2}$层微承压水。④$_{1-2}$层粉土、粉砂细颗粒含量百分比 P＝57.3%≥35%,初步判断可能发生流砂。

因此,根据④$_{1-2}$层微承压水透水性能,按表 8-3 对浅层地下空间开发基坑流砂可能性进行评价,评价结果表明:研究区中层地下空间开发流砂可能性包含了大、中和极小三个等级,各等级所占面积见图 8-3。

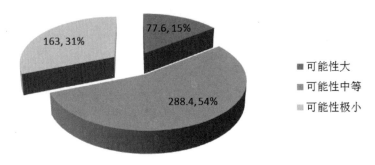

图 8-3　中层地下空间开发流砂可能性评价结果饼图

流砂可能性大区(L4):总面积约 77.6 km^2,占比 15%,主要分布在海曙核心区、海曙区高桥镇、鄞州核心区、江北核心区、江北区庄桥街道—庄市街道一带等区域。

流砂可能性中等区(L3):总面积约 288.4 km^2,占比 54%,主要分布在海曙区西部集士港镇—古林镇—鄞州区石碶街道、鄞州区下应街道、邱隘镇、梅墟街道、镇海区骆驼街道一带。

流砂可能性极小区(L1):总面积约 163.0 km^2,占比 31%,主要分布在海曙区望春桥—卖面桥、江北区洪塘街道、镇海区骆驼街道尚志—贵驷、鄞州区邱隘镇东部等区域。

8.3.4　基坑涌水

(1)基坑涌水影响因素

根据工程经验,当地下工程开挖断面以黏性土等不透水层为主时对地下空间开发最有利,当开挖断面存在粉土、粉砂等富水性地层时,基坑涌水问题往往比较严重,这将大大增加基坑防渗、基坑降水的设计难度和施工风险。

因此,当地下工程开挖断面存在砂性土等富水性较好的土层时,对基坑防渗和降水影响很大。

(2)基坑涌水可能性分级

根据前文分析,基坑涌水与坑壁岩土层富水性密切相关,因此,本次根据开挖断面土层的富水性能,结合工程实际经验,将地下空间开发基坑涌水的可能性划分为大、中、小和极小四级,见表 8-5、8-6。

表 8-5　含水层富水性分级表

富水性分级	极强富水性	强富水性	中等富水性	弱富水性
单位涌水量 q(L/s·m)	q>5.0	1.0<q≤5.0	0.1<q≤1.0	q<0.1

注:参考《矿区水文地质工程地质勘探规范》(GB 12719—1991)。

表 8-6　基坑涌水可能性分级表

可能性分级	大(Y4)	中(Y3)	小(Y2)	极小(Y1)
分级指标	有砂土分布,强～极强富水性	有砂土分布,中等富水性	有砂土分布,弱富水性	无砂土分布

(3)浅层地下空间开发基坑涌水可能性评价

①评价空间域

浅层地下空间是指开发深度在0～15 m范围内的地下空间,一般为民用建筑与地下服务设施主要利用的空间域。

②基坑涌水可能性评价

由研究区的工程地质条件可知,15 m深度以浅地下空间开发断面可能遇到的含水层为③$_{1-2}$层微承压水。根据③$_{1-2}$层微承压水富水性能,按表8-6对浅层地下空间开发基坑涌水可能性进行评价,评价结果表明:研究区浅层地下空间开发流砂可能性包含了中、小和极小三个等级,各等级所占面积见图8-4。

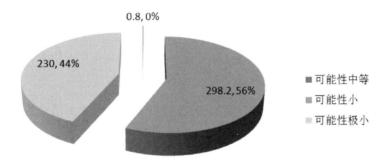

图 8-4　浅层地下空间开发基坑涌水可能性评价结果饼图

基坑涌水可能性中等区(Y3):总面积约0.8 km²,仅分布于韵升集团(通途路与院士路交叉口)及周边。

基坑涌水可能性小区(Y2):总面积约298.2 km²,呈西南—东北向条带状分布,西南侧主要分布于高桥镇—石碶街道一带,经宁波市三江口区域分布范围收窄,往东北沿骆驼街道—甬江街道—梅墟街道一带分布,此外鄞州区下应街道—邱隘镇一带也有分布。

基坑涌水可能性极小区(Y1):总面积约230.0 km²,主要分布在海曙区核心区、鄞州区钟公庙街道及南部、梅墟街道东部、江北区洪塘街道和镇海区骆驼街道东部等区域。

(4)中层地下空间开发基坑涌水可能性评价

①评价空间域

中层地下空间是指开发深度在15～30 m范围内的地下空间,一般为地铁及大型地下设施利用空间域。

②基坑涌水可能性评价

由研究区的工程地质条件可知,15～30 m 范围内地下空间开发断面可能遇到的含水层为④$_{1-2}$层微承压水。根据④$_{1-2}$层微承压水富水性能,按表 8-6 对浅层地下空间开发基坑涌水可能性进行评价,评价结果表明:研究区中层地下空间开发基坑涌水可能性包含了中、小和极小三个等级,各等级所占面积见图 8-5。

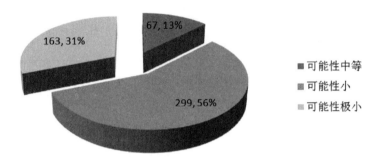

图 8-5　中层地下空间开发基坑涌水可能性评价结果饼状图

基坑涌水可能性中等区(Y3):总面积约 67.0 km²,主要分布于海曙区集士港镇、镇海区骆驼街道—庄桥街道、鄞州区梅墟街道涂田张—钱家、下应街道妙胜村等区域。

基坑涌水可能性小区(Y2):总面积约 299.0 km²,广泛分布于宁波中心城区中部。

基坑涌水可能性极小区(Y1):总面积约 163.0 km²,主要分布在海曙区望春桥—卖面桥、江北区洪塘街道、镇海区骆驼街道尚志—贵驷、鄞州区邱隘镇东部等区域。

8.3.5　基坑突涌

(1)基坑突涌可能性分级

当基底之下某深处有承压含水层时,应按下式验算抗承压水突涌稳定性:

$$\gamma \cdot H = K \cdot \gamma_w \cdot h \qquad (8-3)$$

式中:K——基坑突涌稳定性系数;

H——基坑开挖后不透水层的厚度(m);

h——承压水头高于含水层顶板的高度(m);

γ——土的重度,地下水位以下取饱和重度(kN/m³);

γ_w——水的重度,取 10kN/m³。

当稳定性系数 $K=1.0$ 时,表示基坑处于基坑突涌临界状态,K 值越小,发生基坑突涌的可能性越大。根据 K 值大小,结合承压含水层厚度及埋藏条件,对基坑突涌可能性进行分级,见表 8-7。

表 8-7　基坑突涌可能性分级表

可能性分级	大(T4)	中(T3)	小(T2)	极小(T1)
稳定性系数 K	$K<1.0$	$1.0≤K<1.1$	$1.1≤K<1.3$	$K>1.3$

（2）浅层地下空间开发基坑突涌可能性评价

①评价空间域

浅层地下空间是指开发深度在 0～15 m 范围内的地下空间，一般为民用建筑与地下服务设施主要利用的空间域。

②基坑突涌可能性评价

由研究区的工程地质条件可知，15 m 开发深度以下分布有④$_{1-2}$层微承压含水层和第Ⅰ承压含水层（④$_3$、⑤$_3$、⑥$_3$层），需对各承压含水层进行基坑突涌稳定性验算。

根据基坑突涌条件公式 8-3，承压含水层水头高度（④$_{1-2}$层微承压水位标高取 1.21 m，第Ⅰ承压含水层水位标高取－1.4 m）及不同的基坑突涌稳定性系数，对浅层地下空间基坑突涌可能性进行估算，结果表明：

a. 当第④$_{1-2}$层微承压含水层顶板标高 h≤－47 m 或第Ⅰ承压含水层顶板标高 h≤－40 m 时，不发生突涌（K＞1.3）；

b. 当第④$_{1-2}$层微承压含水层顶板标高－47 m＜h≤－34 m 或第Ⅰ承压含水层顶板标高－40 m＜h≤－30 m 时，发生突涌的可能性较小（1.1≤K＜1.3）；

c. 当第④$_{1-2}$层微承压含水层顶板标高－34 m＜h≤－30 m 或第Ⅰ承压含水层顶板标高－30 m＜h≤－27 m 时，发生突涌的可能性中等（1.0≤K＜1.1）；

d. 当第④$_{1-2}$层微承压含水层顶板标高 h＞－30 m 或第Ⅰ承压含水层顶板标高 h＞－27 m 时，发生突涌的可能性大（K＜1.0）。

由上述估算结果，分别编制第④$_{1-2}$层微承压含水层和第Ⅰ承压含水层（④$_3$、⑤$_3$、⑥$_3$层）基坑突涌可能性分区，通过 MapGIS 的空间叠加分析，研究区浅层地下空间开发基坑突涌可能性涵盖了大、中、小和不发生等四个等级，各等级所占面积见图 8-6。

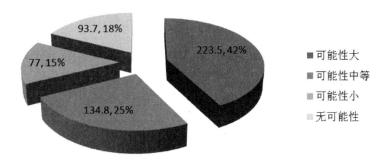

图 8-6　浅层地下空间开发基坑突涌可能性评价结果饼状图

基坑突涌可能性大区（T4）：总面积约 223.5 km²，主要分布于海曙核心区、江北核心区、高桥镇施家漕—洪塘街道胡家、鄞州区古林镇—石碶街道、下应街道、邱隘镇及镇海区庄市街道、骆驼街道等区域。

基坑突涌可能性中等区（T3）：总面积约 134.8 km²，主要分布于海曙区高桥镇南部、古林镇南部、鄞州核心区及南部、鄞州区徐戎村—盛垫、邱隘镇沈家村—新城、梅墟街道、江北区庄桥街道东部、镇海区尚志村—贵驷一带等区域。

基坑突涌可能性小区（T2）：总面积约 77.0 km²，零星分布于宁波平原周边，如鄞州区石路头—三里、邱隘镇张家瀛—四安、江北区谢家—骆驼街道余三等地。

基坑突涌不发生区（T1）：总面积约 93.7 km²，主要分布在江北区庄桥火车站周边、海曙区望春桥周边、鄞州区下应街道顾家村—邱隘镇回龙、江北区甬江街道—鄞州区梅墟街道南部、镇海区骆驼街道东钱—贵驷等区域。

（3）中层地下空间开发基坑突涌可能性评价

①评价空间域

中层地下空间是指开发深度在 15～30 m 范围内的地下空间，一般为地铁及大型地下设施利用空间域。

②基坑突涌可能性评价

由研究区的工程地质条件可知，15～30 m 开发深度主要分布有第Ⅰ承压含水层（④₃、⑤₃、⑥₃ 层），需对各承压含水层进行基坑突涌稳定性验算。

根据基坑突涌条件公式 8-3、第Ⅰ承压含水层水位标高（取 -1.4 m）及不同的基坑突涌稳定性系数，对浅层地下空间基坑突涌可能性进行估算，结果表明：

a. 当第Ⅰ承压含水层顶板标高 $h \leqslant -94$ m 时，不发生突涌（$K > 1.3$）；

b. 当第Ⅰ承压含水层顶板标高 $-94\text{m} < h \leqslant -69\text{m}$ 时，发生突涌的可能性较小（$1.1 \leqslant K < 1.3$）；

c. 当第Ⅰ承压含水层顶板标高 $-69\text{m} < h \leqslant -59\text{m}$ 时，发生突涌的可能性中等（$1.0 \leqslant K < 1.1$）；

d. 当第Ⅰ承压含水层顶板标高 $h > -59\text{m}$ 时，发生突涌的可能性大（$K < 1.0$）。

由上述估算结果，分别编制第Ⅰ承压含水层（④₃、⑤₃、⑥₃ 层）基坑突涌可能性分区，通过 MapGIS 的空间叠加分析，得出中层地下空间开发基坑突涌可能性分区图。评价结果表明：研究区中层地下空间开发基坑突涌可能性基本上以大为主，仅中心城区周边极小范围内基坑突涌可能性较小。

8.4 浅层地下水对宁波市轨道交通建设影响分析

8.4.1 宁波市轨道交通线网规划及实施情况

根据《宁波市城市轨道交通线网规划（修编）》远景线网推荐方案，未来宁波城市轨道交通线网由 8 条轨道交通线和 2 条市域轨道线组成（即 8+2 模式），整体结构呈放射状，形成"一环两快七射"的布局结构，线网规模 409 km，中心城区线路长度为 365 km，设站 255 座，全网换乘站 58 座（含与市域线换乘站），其中三线换乘站 2 座（图 8-7）。

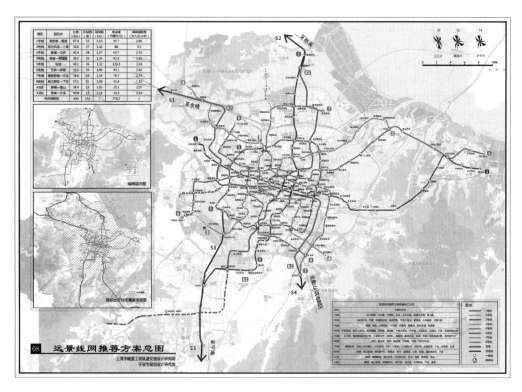

图 8-7　宁波市轨道交通线网规划远景线网推荐方案

8.4.2　浅层地下水对规划轨道交通建设影响分析

由前文可知,宁波市轨道交通工程已建成或在建的为 1～5 号线,这些轨道交通工程都已做过详细的岩土工程勘察,针对地下水对轨道交通工程建设的影响做了大量工作,已在工程设计和施工过程中采取了相应的防治措施。因此,本次研究主要针对尚未开展相关地质工作的 6、7、8 号线及 K1、K2 两条快速轨道线,开展浅层地下水对规划轨道交通工程建设影响分析,从区域地质学角度,为规划轨道线位选址和工程建设风险管控提供技术支撑,也可为具体线位站点和区间有效、合理地投入水文地质工作提供科学依据。

根据宁波市轨道交通已建和在建的工程经验,宁波市轨道交通工程底板埋深一般在 15 m 左右,属于浅层地下空间开发利用。由前文的分析可知,浅层地下水对浅层地下空间开发利用的影响主要有基坑流砂(管涌)、基坑涌水和基坑突涌等,将以上各因子的影响分区图通过 MapGIS 的空间叠加分析,得出浅层地下水对规划轨道交通建设影响分区图,并根据浅层地下水对地下空间开发影响种类多少及可能性大小,将地下水环境影响划分为严重、中等、一般和轻微 4 个等级,见表 8-8。

表 8-8 地下水环境影响分级表

地下水环境影响分级	严重	中等	一般	轻微
分级特征	L4、Y4、T4 有一项或多项	L3、Y3、T3 有一项或多项	L2、Y2、T2 有一项或多项	L1、Y1、T1 有一项或多项

　　将宁波市轨道交通线网叠加到浅层地下水对规划轨道交通建设影响分区图中,可以看出浅层地下水对规划 6、7、8 号线及 K1、K2 两条快速轨道线建设的影响,分别对拟建轨道工程各站点的地下水环境影响进行评述,详见表 8-9。

表 8-9 浅层地下水对宁波市轨道交通建设影响特征一览表

名称		轨道线路	地下水影响等级	特征评述
一般站	古林站、云林西路站、春华路站、汇士路站	6 号线	严重	基坑遭受③$_{1-2}$层砂土流砂可能性大,基坑涌水可能性小;基坑遭受④$_{1-2}$层突涌可能性中等,其中古林站突涌可能性大
	翠柏里站	6 号线	严重	基坑遭受③$_{1-2}$层砂土流砂可能性大,基坑涌水可能性小;基坑遭受④$_{1-2}$层突涌可能性大
	沧海路站	6 号线	严重	基坑遭受③$_{1-2}$层砂土流砂可能性大,基坑涌水可能性小;基坑突涌可能性极小
	明珠路站、聚贤路站、剑兰路站、梅墟路站	6 号线	一般	基坑遭受③$_{1-2}$层砂土流砂、涌水可能性小;基坑突涌可能性极小,其中聚贤路站、剑兰路站遭受④$_{1-2}$层突涌可能性中等
	经十二路站	6 号线	轻微	无砂土分布,基坑流砂、涌水及突涌可能性均极小
	东钱湖北站	7 号线	轻微	无砂土分布,基坑流砂、涌水及突涌可能性均极小
	盛莫南路站、富强东路站、百丈东路站	7 号线	严重	基坑遭受③$_{1-2}$层砂土流砂可能性大,基坑涌水可能性小;基坑突涌可能性极小,仅百丈东路站遭受④$_{1-2}$层基坑突涌可能性大
	民安东路站	7 号线	严重	基坑遭受③$_{1-2}$层砂土流砂可能性大,基坑涌水可能性小;遭受④$_{1-2}$层突涌可能性大
	新天路站、福明公园站	7 号线	严重	无③$_{1-2}$层砂土分布,基坑流砂、涌水可能性极小;基坑遭受④$_{1-2}$层突涌可能性大
	大闸路站	7 号线	严重	基坑遭受③$_{1-2}$层砂土流砂可能性大,基坑涌水可能性小;遭受④$_{1-2}$层突涌可能性大
	宁慈路站	7 号线	严重	基坑遭受③$_{1-2}$层砂土流砂可能性大,基坑涌水可能性小;遭受④$_{1-2}$层突涌可能性小
	城西路站、宝轴西路站	7 号线	一般	无③$_{1-2}$层砂土分布,基坑流砂、涌水可能性极小;基坑遭受④$_{1-2}$层突涌可能性小
	望春路站	8 号线	严重	基坑遭受③$_{1-2}$层砂土流砂可能性大,基坑涌水可能性小;基坑突涌可能性极小

续　表

	名称	轨道线路	地下水影响等级	特征评述
一般站	萱荫路站、泰康东路站、它山堰路站、董山路站、广德湖北路站、新典路站	8 号线	中等	无③$_{1-2}$层砂土分布，基坑流砂、涌水可能性极小；基坑遭受④$_{1-2}$层突涌可能性中等
	五江口站	8 号线	轻微	无砂土分布，基坑流砂、涌水及突涌可能性均极小
	凌漕路站、邵渡桥站、奥体中心站	8 号线	严重	无③$_{1-2}$层砂土分布，基坑流砂、涌水可能性极小；基坑遭受④$_{1-2}$层突涌可能性大
	江北人道站	8 号线	轻微	无砂土分布，基坑流砂、涌水及突涌可能性均极小
	甬山路站	K1 快线	严重	基坑遭受③$_{1-2}$层砂土流砂可能性大，基坑涌水可能性小；基坑遭受④$_{1-2}$层突涌可能性大
	嵩江西路站	K1 快线	中等	无③$_{1-2}$层砂土分布，基坑流砂、涌水可能性极小；基坑遭受④$_{1-2}$层突涌可能性中等
	中兴路站	K2 快线	中等	无③$_{1-2}$层砂土分布，基坑流砂、涌水可能性极小；基坑遭受④$_{1-2}$层突涌可能性中等
	金山路站	K2 快线	严重	无③$_{1-2}$层砂土分布，基坑流砂、涌水可能性极小；基坑遭受④$_{1-2}$层突涌可能性大，遭受④$_3$层突涌可能性中等
换乘站	黄古路站	6、2 号线	严重	基坑遭受③$_{1-2}$层砂土流砂可能性大，基坑涌水可能性小；基坑遭受④$_{1-2}$层突涌可能性大，遭受④$_3$层突涌可能性中等
	高桥南站	6、K2 号线	严重	基坑遭受③$_{1-2}$层砂土流砂可能性大，基坑涌水可能性小；基坑遭受④$_3$层突涌可能性中等
	望童路站	6、5 号线	严重	基坑遭受③$_{1-2}$层砂土流砂可能性大，基坑涌水可能性小；基坑突涌可能性极小
	望春桥站	6、1 号线	轻微	无砂土分布，基坑流砂、涌水及突涌可能性均极小
	范江岸路站	6、8 号线	轻微	无砂土分布，基坑流砂、涌水及突涌可能性均极小
	翠柏里站	6、4 号线	严重	无③$_{1-2}$层砂土分布，基坑流砂、涌水可能性极小；基坑遭受④$_{1-2}$层突涌可能性大
	大闸南路站	6、7 号线	严重	基坑遭受③$_{1-2}$层砂土流砂可能性大，基坑涌水可能性小；基坑遭受④$_{1-2}$层突涌可能性大
	通途路站	6、2 号线	严重	基坑遭受③$_{1-2}$层砂土流砂可能性中等，基坑涌水可能性小；基坑遭受④$_{1-2}$层突涌可能性大

名称		轨道线路	地下水影响等级	特征评述
换乘站	甬江南站	6、K1号线	严重	基坑遭受③$_{1-2}$层砂土流砂可能性大，基坑涌水可能性小；基坑遭受④$_{1-2}$层突涌可能性大
	明楼站	6、3号线	严重	无③$_{1-2}$层砂土分布，基坑流砂、涌水可能性极小；基坑遭受④$_{1-2}$层突涌可能性大
	云龙站	7、8号线	一般	无③$_{1-2}$层砂土分布，基坑流砂、涌水可能性极小；基坑遭受④$_{1-2}$层突涌可能性小
	钱湖大道站	7、4号线	严重	无③$_{1-2}$层砂土分布，基坑流砂、涌水可能性极小；基坑遭受④$_{1-2}$层突涌可能性大，遭受④$_3$层突涌可能性中等
	盛莫路站	7、1号线	严重	基坑遭受③$_{1-2}$层砂土流砂可能性大，基坑涌水可能性小；遭受④$_{1-2}$层突涌可能性大
	民安路站	7、5号线	严重	基坑遭受③$_{1-2}$层砂土流砂可能性大，基坑涌水可能性小；遭受④$_{1-2}$层突涌可能性大
	体育馆站	7、3号线	严重	无③$_{1-2}$层砂土分布，基坑流砂、涌水可能性极小；基坑遭受④$_{1-2}$层突涌可能性大
	惊驾路站	7、K1号线	中等	无③$_{1-2}$层砂土分布，基坑流砂、涌水可能性极小；基坑遭受④$_{1-2}$层突涌可能性中等
	桃渡路站	7、2号线	严重	基坑遭受③$_{1-2}$层砂土流砂可能性小，基坑涌水可能性小；基坑遭受④$_{1-2}$层突涌可能性大
	康庄南路站	7、4、5号线	严重	基坑遭受③$_{1-2}$层砂土流砂可能性大，基坑涌水可能性小；基坑遭受④$_{1-2}$层突涌可能性小
	镇海大道站	7、3号线	中等	基坑遭受③$_{1-2}$层砂土流砂可能性小，基坑涌水可能性小；基坑遭受④$_{1-2}$层突涌可能性中等
	镇海新城站	7、K1号线	中等	基坑遭受③$_{1-2}$层砂土流砂可能性小，基坑涌水可能性小；基坑遭受④$_3$层突涌可能性中等
	下应南路站	8、K2号线	中等	无③$_{1-2}$层砂土分布，基坑流砂、涌水可能性极小；基坑遭受④$_{1-2}$层、④$_3$层突涌可能性中等
	南部商务区站	8、3号线	中等	无③$_{1-2}$层砂土分布，基坑流砂、涌水可能性极小；基坑遭受④$_{1-2}$层突涌可能性中等
	百梁北路站	8、K1、5号线	中等	无③$_{1-2}$层砂土分布，基坑流砂、涌水可能性极小；基坑遭受④$_{1-2}$层突涌可能性中等

续　表

名称		轨道线路	地下水影响等级	特征评述
换乘站	丽园南路站	8、2 号线	严重	基坑遭受③$_{1-2}$层砂土流砂可能性大,基坑涌水可能性小;遭受④$_{1-2}$层突涌可能性大,遭受④$_3$层突涌可能性中等
	石路头站	8、K2 号线	严重	基坑遭受③$_{1-2}$层砂土流砂可能性大,基坑涌水可能性小;遭受④$_{1-2}$层突涌可能性大
	范江岸西路站	8、5 号线	轻微	无砂土分布,基坑流砂、涌水及突涌可能性均极小
	广元路站	8、4 号线	严重	无③$_{1-2}$层砂土分布,基坑流砂、涌水可能性极小;基坑遭受④$_{1-2}$层突涌可能性大
	兴宁桥东站	K1、4 号线	严重	无③$_{1-2}$层砂土分布,基坑流砂、涌水可能性极小;基坑遭受④$_{1-2}$层突涌可能性大,遭受④$_3$层突涌可能性中等
	七塔寺站	K1、K2 号线	严重	无③$_{1-2}$层砂土分布,基坑流砂、涌水可能性极小;基坑遭受④$_{1-2}$层突涌可能性大
	曙光路站	K1、3 号线	严重	基坑遭受③$_{1-2}$层砂土流砂可能性小,基坑涌水可能性小;遭受④$_{1-2}$层突涌可能性大
	路林市场站	K1、2 号线	严重	基坑遭受③$_{1-2}$层砂土流砂可能性小,基坑涌水可能性小;遭受④$_{1-2}$层突涌可能性大,遭受④$_3$层突涌可能性中等
	兴海南路站	K1、5 号线	严重	基坑遭受③$_{1-2}$层砂土流砂可能性小,基坑涌水可能性小;遭受④$_{1-2}$层突涌可能性大
	百丈路站	K2、5 号线	严重	基坑遭受③$_{1-2}$层砂土流砂可能性大,基坑涌水可能性小;遭受④$_{1-2}$层突涌可能性小,遭受④$_3$层突涌可能性中等
	柳汀街站	K2、2 号线	严重	无③$_{1-2}$层砂土分布,基坑流砂、涌水可能性极小;基坑遭受④$_{1-2}$层突涌可能性大
	南站西路站	K2、4 号线	严重	基坑遭受③$_{1-2}$层砂土流砂可能性大,基坑涌水可能性小;遭受④$_{1-2}$层突涌可能性大
	联丰路站	K2、5 号线	严重	基坑遭受③$_{1-2}$层砂土流砂可能性大,基坑涌水可能性小;基坑突涌可能性极小
	梁祝站	K2、1 号线	严重	无③$_{1-2}$层砂土分布,基坑流砂、涌水可能性极小;基坑遭受④$_{1-2}$层突涌可能性大,遭受④$_3$层突涌可能性中等
	应家站	K2、4 号线	严重	无③$_{1-2}$层砂土分布,基坑流砂、涌水可能性极小;基坑遭受④$_{1-2}$层突涌可能性大,遭受④$_3$层突涌可能性中等

8.5　地下水环境影响防治措施及环境保护

8.5.1　基坑流砂防治

当透水层厚度不大时,可以将垂直防渗体(黏土、混凝土、塑性混凝土、自凝灰浆和土工膜等材料)插入下面不透水层,完全阻断地下水;当透水层厚度较大时,也可以做成悬挂式垂直防渗,减少基底的逸出水力坡降。

用透水材料,如砂砾石,铺设在坑底形成压渗盖重,也可有效地防止坑底的流土破坏。压渗盖重是由一层或几层不同粒径的材料组成的滤层,一方面要求渗透水不会在滤层产生过大的水头损失;另一方面,能保护坑底土,不使细颗粒流失或堵塞在滤层孔隙中。

8.5.2　基坑涌水防治

当场地浅部分布有填土时,由于其渗透性好,需避免孔隙潜水与地表水的联系,基坑开挖时要做隔水处理,如在基坑支护桩外围打1~2排互相搭接的高压水泥旋喷桩幕墙作为隔水墙,以阻止地表水和地下水进入基坑,基坑周围可沿坑壁外侧开挖明沟,以截留地表水并使之排出场外。

当基坑开挖断面分布有③$_{1-2}$层砂土时,由于其渗透性较好、水量较丰富,一般需采用井点降水;当基坑开挖断面没有③$_{1-2}$层砂土分布时,基坑开挖时基坑内的水主要为地表水和雨水,应沿基坑内壁间隔适当距离设置集水井及与之连通的排水沟系统,随时将基坑内的地面水引入集水井后用泵排出坑外。

8.5.3　基坑突涌防治

首先应查明基坑范围内不透水层的厚度、岩性、强度和承压水头高度及承压含水层顶板埋深等。然后根据相关规范验算基坑开挖到预计深度时基底是否可能发生突涌。若可能发生突涌,应采取坑内降水措施,水位宜降到基坑底板下,以防发生坑底突涌。降水可采用真空深井或管井降水。

8.5.4　地下空间开发中的环境保护

地下空间开发改变了原有的地质环境,可能会导致环境地质问题的产生,与地下水相关的环境地质问题尤为显著。主要表现在地下空间建设施工过程中,如地下空间开发过程中基坑降水会引起土层压密,导致地面及其周边建筑物的沉降和变形,地下管线的沉降和移位,乃至破坏。同时,针对深部承压水的基坑降水而言,其降水范围广、降水量大、历时长,将在较长时间内形成施工降落漏斗,使地下水的动力场和化学场发生变化,引起地下水中某些物理化学组分的变化,如产生淡水咸化现象。

另一方面,地下空间作为一种非地质体置身于地下水环境中,直接影响着地下水的流场,尤其是轨道交通等地下线性工程,将改变地下水的渗流路径和分布状态,导致局部地下水位壅高,局部地下水位降低,造成建(构)筑物结构损坏甚至影响正常使用。同时,地下水位的无常变化,也会对建筑物抗浮设防水位取值造成影响。

因此,在科学合理地进行地下空间开发利用的同时,亦要注意对地质环境的保护,主要措施有:

(1)减少井点降水对周围建(构)筑造成的影响和危害

①采用全封闭形的挡土墙或其他的密封措施,如地下连续墙、灌注桩+止水帷幕等,将井点设置在坑内,井管深度不超过地连墙的深度,仅将坑内水位降低,而坑外的水位将维持在原来的水位。

②井点降水区域随着降水时间的延长,向外、向下扩张,若在两排井点的当中,基坑很快形成降水曲面,坑外降水曲面扩张较慢。因此,当井点设置较深时,随着降水时间的延长,可以适当地控制抽水量和抽吸设备真空度。当水位观察井的水位达到设计控制值时,调整设备使抽水量和抽吸真空度降低,达到控制坑外降水曲面的目的。

③采用井点降水与回灌相结合的技术,在井点降水管井与需要保护的建筑、管线间设置回灌井点或回灌沟,形成一道水幕以减少沉降。

④为减少坑内井点降水,控制降水曲面向外扩张,防止邻近建筑物基础下地基土因水位下降、水土流失而产生的沉降,在井点降水前,在需要控制沉降的建筑物基础周边,布置注浆孔,控制注浆压力。

(2)减少桩基施工对地下淡水资源的破坏

根据已有地质资料表明,宁波平原区深部分布有一处第Ⅱ承压淡水体资源,以宁波城区为中心,南起栎社,北至压赛堰—清水浦,西至布政,东抵潘火,是一个“孤岛”状淡水体,面积为 158 km²。

地下淡水体资源是非常宝贵的战略资源,在遭遇极端情况下,当地表水资源枯竭或遭受污染,城市面临供水危机时,地下淡水资源可作为城市应急供水水源,因此,保护地下淡水资源是非常必要的,同时也是刻不容缓的。当前,宁波市地下淡水体资源保护形势非常严峻,一方面,广大民众并不知晓地下淡水资源的存在和保护地下淡水资源的重要性,缺少保护意识;另一方面,城市建设突飞猛进,高层建筑及深基坑工程层出不穷,工程勘察深度越来越大,工程钻孔施工完毕后,未进行封孔,导致不同含水层串通,从而污染了地下水。

因此,在地下淡水分布区进行工程建设时,应控制建筑物的高度和基础深度,工程钻孔施工完毕应采用黏性土球或水泥浆封孔,以防含水层串通,污染地下淡水资源。

(3)减少地下线性工程对地下水流场的影响

在规划大型地下工程,特别是线性地下工程前,应充分调查和了解区域水文地质情况,掌握地下水的补、径、排条件,尽量使地下工程不穿越含水层或顺着地下水径流方向布置,以减少地下工程对地下水流场的影响。

8.6　本章小结

（1）研究区地下水类型主要为松散岩类孔隙水，分为孔隙潜水和孔隙承压水 2 个亚类。根据研究区的地下水类型及埋藏分布情况，确定本次研究的对象为孔隙潜水、浅部微承压水和第Ⅰ承压水（I_{1-1}、I_{1-2}、I_2）。

（2）宁波市浅层地下水对地下空间开发利用的影响主要有抗浮设防水位取值、地下水腐蚀性、流砂（管涌）、基坑涌水及基坑突涌等。

（3）在前人研究的基础上，本次研究提出抗浮设防水位应在含水层最高水位的基础上，再根据环境补排水条件（主要是河流、道路情况）以及人为因素进行修正，计算公式见式 8-1 和式 8-2。

（4）按照《岩土工程勘察规范》（GB 50021—2001）进行判定，场地环境类型为Ⅱ类，研究区浅部的孔隙潜水对混凝土结构具一般微腐蚀性，对钢筋混凝土结构中的钢筋在长期浸水条件下具微腐蚀性，干湿交替段具微～弱腐蚀性，对钢结构具弱腐蚀性，应采取相应的防腐蚀措施。

③$_{1-2}$层微承压水：场地环境类型为Ⅱ类，按地层渗透性判断③$_{1-2}$层微承压水对混凝土结构具微腐蚀性，对钢筋混凝土结构中的钢筋具微腐蚀性，对钢结构具弱腐蚀性，宜采取相应的防腐蚀措施。

④$_{1-2}$层微承压水：场地环境类型为Ⅱ类，按地层渗透性判断④$_{1-2}$层微承压水对混凝土结构具微腐蚀性，在长期浸水段对钢筋混凝土结构中的钢筋具微腐蚀性，在干湿交替段具中等腐蚀性，宜采取相应的防腐蚀措施。

第Ⅰ$_{1-1}$层承压水：场地环境类型为Ⅱ类，按地层渗透性判断承压水对混凝土结构具微腐蚀性，在长期浸水段对钢筋混凝土结构中的钢筋具微腐蚀性，在干湿交替段具中等腐蚀性，宜采取相应的防腐蚀措施。

第Ⅰ$_{1-2}$层承压水：场地环境类型为Ⅱ类，按地层渗透性判断承压水对混凝土结构具微腐蚀性，在长期浸水段对钢筋混凝土结构中的钢筋具微腐蚀性，在干湿交替段具中等腐蚀性，宜采取相应的防腐蚀措施。

第Ⅰ$_2$层承压水：场地环境类型为Ⅱ类，按地层渗透性判断承压水对混凝土结构具微腐蚀性，在长期浸水段对钢筋混凝土结构中的钢筋具微腐蚀性，在干湿交替段具中等腐蚀性，宜采取相应的防腐蚀措施。

（5）通过研究表明，针对浅层地下空间开发：

研究区浅层地下空间开发流砂可能性包含了大、中和极小三个等级，其中流砂可能性大区（L4）总面积约 222.9 km²，主要分布在海曙区西部高桥镇—石碶街道一带、江北区洪塘街道宅前张—庄桥街道压赛堰一带和鄞州区下应街道—邱隘镇一带等区域；流砂可能性中等区（L3）总面积约 99.1 km²，主要分布在镇海区骆驼街道—江北区甬江街道—鄞州区梅墟街道一带；流砂可能性极小区（L1）总面积约 207.0 km²，主要分布在海曙区核心区、鄞州区钟公庙街道及南部、梅墟街道东部、江北区洪塘街道和镇海区骆驼街道东部等区域。

研究区浅层地下空间开发基坑涌水可能性包含了中、小和极小三个等级,其中基坑涌水可能性中等区(Y3)总面积约 0.8 km²,仅分布于韵升集团(通途路与院士路交叉口)及周边;基坑涌水可能性小区(Y2)总面积约 298.2 km²,呈西南—东北向条带状分布,西南侧主要分布于高桥镇—石碶街道一带,经宁波市三江口区域分布范围收窄,往东北沿骆驼街道—甬江街道—梅墟街道一带分布,此外鄞州区下应街道—邱隘镇一带也有分布;基坑涌水可能性极小区(Y1)总面积约 230.0 km²,主要分布在海曙区核心区、鄞州区钟公庙街道及南部、梅墟街道东部、江北区洪塘街道和镇海区骆驼街道东部等区域。

研究区浅层地下空间开发基坑突涌可能性涵盖了大、中、小和不发生等四个等级,其中基坑突涌可能性大区(T4)总面积约 223.5 km²,主要分布于海曙核心区、江北核心区、高桥镇施家漕—洪塘街道胡家、鄞州区古林镇—石碶街道、下应街道、邱隘镇及镇海区庄市街道、骆驼街道等区域;基坑突涌可能性中等区(T3)总面积约 134.8 km²,主要分布于海曙区高桥镇南部、古林镇南部、鄞州核心区及南部、鄞州区徐戎村—盛垫、邱隘镇沈家村—新城、梅墟街道、江北区庄桥街道东部、镇海区尚志村—贵驷一带等区域;基坑突涌可能性小区(T2)总面积约 77.0 km²,零星分布于宁波平原周边,如鄞州区石路头—三里、邱隘镇张家瀛—四安、江北区谢家—骆驼街道余三等地;基坑突涌不发生区(T1)总面积约 93.7 km²,主要分布在江北区庄桥火车站周边、海曙区望春桥周边、鄞州区下应街道顾家村—邱隘镇回龙、江北区甬江街道—鄞州区梅墟街道南部、镇海区骆驼街道东钱—贵驷等区域。

(6)通过研究表明,针对中层地下空间开发:

研究区中层地下空间开发流砂可能性包含了大、中和极小三个等级,其中流砂可能性大区(L4)总面积约 77.6 km²,主要分布在海曙核心区、海曙区高桥镇、鄞州核心区、江北核心区、江北区庄桥街道—庄市街道一带等区域;流砂可能性中等区(L3)总面积约 288.4 km²,主要分布在海曙区西部集士港镇—古林镇—鄞州区石碶街道、鄞州区下应街道、邱隘镇、梅墟街道、镇海区骆驼街道一带;流砂可能性极小区(L1)总面积约 163.0 km²,主要分布在海曙区望春桥—卖面桥、江北区洪塘街道、镇海区骆驼街道尚志—贵驷、鄞州区邱隘镇东部等区域。

研究区中层地下空间开发基坑涌水可能性包含了中、小和极小三个等级,其中基坑涌水可能性中等区(Y3)总面积约 67.0 km²,主要分布于海曙区集士港镇、镇海区骆驼街道—庄桥街道、鄞州区梅墟街道涂前张—钱家、下应街道妙胜村等区域;基坑涌水可能性小区(Y2)总面积约 299.0 km²,广泛分布于宁波中心城区中部;基坑涌水可能性极小区(Y1)总面积约 163.0 km²,主要分布在海曙区望春桥—卖面桥、江北区洪塘街道、镇海区骆驼街道尚志—贵驷、鄞州区邱隘镇东部等区域。

研究区中层地下空间开发基坑突涌可能性基本上以大为主,仅中心城区周边极小范围内基坑突涌可能性较小。

(7)将地下水环境影响划分为严重、中等、一般和轻微 4 个等级,针对尚未开展相关地质工作的 6、7、8 号线及 K1、K2 两条快速轨道线开展了浅层地下水对规划轨道交通工程建设影响分析(表 8-9),从区域地质学角度,为规划轨道线位选址和工程建设风险管控提供技术支撑,也可为具体线位站点和区间有效、合理地投入水文地质工作提供科学依据。

(8)针对地下空间开发地下水的环境影响,提出了以下防治措施:

①针对基坑流砂:当透水层厚度不大时,可以将垂直防渗体(黏土、混凝土、塑性混凝土、自凝灰浆和土工膜等材料)插入下面不透水层,完全阻断地下水;当透水层厚度较大时,也可以做成悬挂式垂直防渗,减少基底的逸出水力坡降。

②针对基坑涌水:当场地浅部分布有填土时,在基坑支护桩外围打 1~2 排互相搭接的高压水泥旋喷桩幕墙作为隔水墙,以阻止地表水和地下水进入基坑,基坑周围可沿坑壁外侧开挖明沟,以截留地表水并使之排出场外;当基坑开挖断面分布有③$_{1-2}$层砂土时,一般需采用井点降水;当基坑开挖断面没有③$_{1-2}$层砂土分布时,应沿基坑内壁间隔适当距离设置集水井及与之连通的排水沟系统,随时将基坑内的地面水引入集水井后用泵排出坑外。

③针对基坑突涌:首先应查明基坑范围内不透水层的厚度、岩性、强度和承压水头高度及承压含水层顶板埋深等。然后根据相关规范验算基坑开挖到预计深度时基底是否可能发生突涌。若可能发生突涌,应采取坑内降水措施,水位宜降到基坑底板下,以防发生坑底突涌。降水可采用真空深井或管井降水。

(8)针对地下空间开发过程中的环境保护,提出了以下防治措施:

①针对井点降水对周围建(构)筑造成的影响和危害:采用全封闭形的挡土墙或其他的密封措施,将井点设置在坑内,井管深度不超过地连墙的深度,仅将坑内水位降低,而坑外的水位将维持在原来的水位;井点降水区域随着降水时间的延长,向外、向下扩张;采用井点降水与回灌相结合的技术;在井点降水前,在需要控制沉降的建筑物基础周边,布置注浆孔,控制注浆压力。

②针对地下淡水资源保护:在地下淡水分布区进行工程建设时,应控制建筑物的高度和基础深度,工程钻孔施工完毕应采用黏性土球或水泥浆封孔,以防含水层串通,污染地下淡水资源。

③针对地下线性工程对地下水流场的影响:在规划大型地下工程,特别是线性地下工程前,应充分调查和了解区域水文地质情况,掌握地下水的补、径、排条件,尽量使地下工程不穿越含水层或顺着地下水径流方向布置,以减少地下工程对地下水流场的影响。

第 9 章 城市复杂管网条件下的安全勘察技术

9.1 概述

地下管线是城市基础设施的重要组成部分,是城市社会经济的生命线,也是现代化城市正常运行的基本保证。现今,我国正处于大规模建设时期,住宅、桥梁、城市道路、高铁、地铁等,都需对施工场地及周边地下管线实施周密勘察。尤其是城市,地下管线的数量越来越多,规模越来越大,在地质钻探过程中,如何有效避开地下管线,使其不受破坏,是城市建设勘察过程中的一道难题。

随着科学技术的进步和城市经济的发展,城市地下管线由过去大量使用金属材质逐步向非金属材质(聚乙烯 PE、聚氯乙烯 PVC 等)过渡,并有取而代之的趋势。由于非金属管线具有造价低、不易腐蚀、不易结垢、易于埋设、便于维修、抗污染性强等优点,其在现代城市地下管网建设中已经表现出很强的优势。但是,由于非金属材质的管线不导电、不导磁,不具备管线探测的物性前提,这使得非金属管线的探测成了目前管线探测领域的一大难点。另外,地下管线的施工工艺也在随着时代的进步不断发生着变化,过去多采用开挖和架空方式,现在更多地采用非开挖施工技术,因其不需要大规模破坏路面,不会引起交通中断且路径、埋深可随时调整等优点已在城市地下管线敷设工程中得到广泛应用。然而,非开挖施工技术是一把双刃剑,在给城市地下管网建设带来便利的同时,也带来了一大批深埋管线的探测难题。本章通过宁波市轨道交通建设勘察过程中的一些经验积累,探讨在城市复杂管网条件下开展勘察工作的关键难点问题,并通过钻探和物探相结合的方式提出相应的对策方案。

9.2 工程钻探法在深埋非金属管线 探测中的改进和应用

9.2.1 五步开孔法

由于地下管线属于施工盲点,容易造成损坏,勘察行业曾发生多起管线破损、断裂事件,经济损失较大。因此,野外作业过程中对地下管线的现场保护是轨道交通勘察重点考虑的问题之一。浙江省工程勘察院根据多年从事市政工程勘察、宁波轨道交通工程勘察工作的经验及指挥部的统一要求,遵循"查、访、探、挖、护、听"六字方针的总体原则,确定了钻探开孔程序如下:

(1)收集地下管线等障碍物资料,并及时进行现场访问、踏勘,随后重新整理修正已有管线等地下障碍物资料,复核完成后,勘探点布设阶段应避开各种管线等地下障碍物。

(2)测量人员根据图纸进行勘探点放样工作,勘探点放样标识应清晰、不易移位、不易擦除、易寻找并进行拍照存档,勘探点放样时现场技术人员、安全员、现场管理人员及勘探班长必须到场,放样前通知勘察监理,监理对点位进行核实及验收,并做好拍照及记录工作。

(3)对勘探点及其附近进行地下管线物探探测,发现勘探点位置有管线时,将在技术要求范围内及时对勘探点位置进行调整。

(4)邀请输油管(汽油、柴油、原油)、燃气、通讯、电力、军用光缆、给排水等相关管线部门进行现场指认,对布设勘探点是否已避开地下管线进一步确认,具体单孔确认范围为勘探点中心10 m半径内,确认前通知勘察监理,监理对确认情况进行核实及验收,并做好拍照及记录工作。

(5)其中(3)或(4)步骤确认勘探点需移位,需重走(2)步骤;上述四个步骤均完成后,项目组组织相关技术人员、现场管理人员、安全员、勘探班组人员、测量人员等相关人员进行安全培训,并由项目负责人及安全总指挥进行技术和安全交底工作,安全培训及交底工作需通知勘察监理参加,监理做好督查及记录工作。

(6)人工开挖(开挖面积一般为1.2 m×1.0 m)至老土或深度2 m,老土挖深大于2 m或有特殊情况需及时分析,并向项目负责及安全生产负责人汇报,研究进一步实施方案及对策,如采用物探、螺纹钻、钎探、洛阳铲再往下探(深度不小于2.5 m)或移位处理,如采用钎探,其施工方案平面图见图9-1。浅部10 m需采用压入法开钻,遇异常情况立即停止施工或改用塑胶钻头探摸,并及时向项目负责及安全生产负责人和勘察监理负责人汇报。

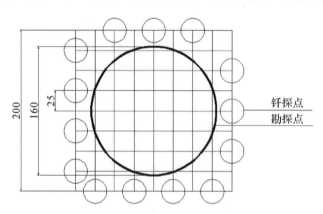

图 9-1　钎探点施工平面布置图

(7)人工开挖后确认需移位勘探施工时,需重走(2)、(3)、(4)、(6)步骤及相关勘探开孔关键节点安全控制步骤。

(8)上述(1)至(7)每道工序均需勘察管理人员和勘察监理验收签字,签字齐全且同意开孔后方可进入下一道工序。

具体事务由现场技术负责人负责,要求做到:

(1)详细调查了解现场管线分布,布孔时按规范技术要求尽可能避开地下管线,密切注意是否有顶管、地下通道、防空洞等设施,随时和主管领导及监理沟通。

(2)把每次布孔图调整计划及时交给主管领导,布孔图和管线图每个机台地质员人手一份。

(3)开孔前机台地质员必须在现场,检查挖孔是否到位,监督钢钎是否往下探至 3 m 左右、是否有异常情况,若正常则签发开孔申请表,由机台地质员、机班长签字,并由项目安全负责人审批。

(4)若探测有异常则采用物探探测,根据核对管线图和探测结果,再决定是否移孔位,并经应急组组长审核。若移孔位则需经项目负责人、监理等同意后再进行(1)～(4)步。

(5)在已知顶管线附近 10 m 内钻进,钻进深度 10 m 范围内要轻放慢压,遇异常情况立即停钻,并由相关人员到现场处理。

9.2.2　地下管线勘察专用钻头的设计

当地下管线埋设复杂,需要高精度定位时,采用工程钻探方法不失为直接可靠的一种方法。然而传统的工程钻探钻头,基本采用优质钢材加工成钻头体,钻头体底部镶嵌硬质合金或金刚石作为切削刃,在工程地质钻探中,能钻穿坚硬的地层和岩石,达到成孔和取芯的目的,是岩土工程勘察行业的重要工具。地下管线勘察,目的是确定地下管线的平面位置、走向和埋深,当采用传统的工程钻探钻头钻进时,经常会因基础资料不准确、施工人员经验不足或预估不足造成对地下管线的破坏,传统的工程钻探钻头不能适应地下管线勘察。

针对上述不足,设计了一种不会对管线造成破坏的地下管线勘察专用钻头(见图 9-2)。地下管线勘察专用钻头的结构与传统的工程钻探钻头类似,包括钻头本体、连接丝扣、切削刃和出水口。钻头本体呈圆柱形,其上部设置与钻机钻杆相适配的连接丝扣,下部呈平面状;钻头本体的中心开设有一射水孔,钻头本体的外壁竖向开设有排水槽,其底面开设有与排水槽相对应的引水槽,并与射水孔相连通。

图 9-2　地下管线勘察专用钻头

地下管线勘察专用钻头相对传统的工程钻探钻头而言,具有以下优点:

(1)钻头本体采用 ABS 硬质塑料加工而成,能满足切削软土和中硬土的要求,但不会切削塑料管线等坚硬构件,且下端呈一平面状,当钻头遇到坚硬构件时,只会将孔底信息反馈到地表但不能切削硬物,能够有效避免地下管线的损害。

(2)射水孔用于冲洗液的注入,排水槽和引水槽的设置能够保证冲洗液循环畅通而避免憋泵。

(3)射水孔的直径小于等于 45 mm,远远小于现有钻头的内径,采用小直径的射水孔不仅能确保冲洗液从射水孔快速射入,及时清除孔底沉渣,不重复破碎,同时保证了钻头壁厚,从而保证了钻头本体的刚度和强度。

此外,外螺纹为梯形螺纹,梯形螺纹受力能力强,保证了钻头本体与钻机钻杆之间连接的可靠性。

9.2.3　工程钻探法应用实例

(1)工程概况

宁波市轨道交通 3 号线一期工程句章路站—鄞州客运总站区间隧道线路出句章路站后,以一组半径 R=440 m 的曲线从规划广德湖南路转入鄞州大道,线路沿鄞州大道偏南侧向东敷设,下穿汴江河上方的萧皋碶桥后进入鄞州客运总站。区间采用单层装配式钢筋混凝土衬砌,衬砌管片外径 6200 mm,内径 5500 mm,管片厚度 350 mm,环宽 1200 mm,衬砌环错缝拼装。区间设计左线长 1162.2 m,共 969 环,设计右线长 1137.1 m,共 948 环。隧道断面为单洞单线圆形隧道,线间距为 14~16 m,采用盾构法施工。

本次新发现的污水管位于鄞州大道与宁南南路路口(见图 9-3),原管线详查成果资料缺失,前期与各方对接时也未反馈,后期因鄞州大道高架工程施工时发生电力拖拉管破坏事故,城投公司临时反馈,鄞州大道与宁南南路路口靠近鄞州客运总站一侧存在新建未归档的污水管。该污水管于 2015 年底施工完成,采用顶管法施工,直径为 600 mm,材质为 PE,走向沿宁南南路,与盾构区间几乎正交。该污水管未正式移交管线权属单位,但已投入运行使用,为南面罗蒙环球城和几个小区在宁南南路段唯一排放的污水管,埋深约 7~13 m,根据区间纵断面资料,推测相交处盾构埋深约 11 m,存在污水管侵入盾构隧道的可能。

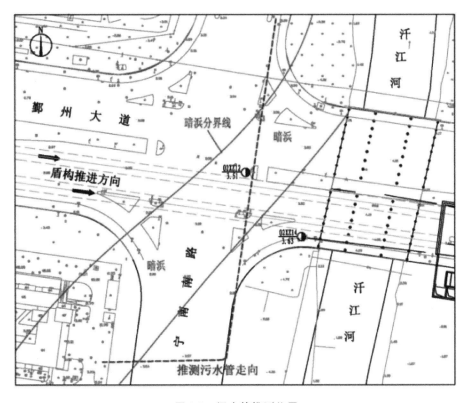

图 9-3 污水管推测位置

通过进一步对接,了解到污水管竣工资料缺失,仅保留有设计施工图,污水管上游位于鄞州大道南侧 Y 泵站,泵站至鄞州大道与宁南南路路口未设置有检查井,下游位于北侧泰安中路路口,与鄞州大道和宁南南路路口相距 500 m 左右。根据管线施工单位反馈,浅埋弯头位置(埋深 2.0~3.0 m)位于宁南南路东侧绿化带内。

(2)探测必要性

在污水管埋深信息不明确的情况下,如与盾构隧道冲突,根据周边污水管网运行情况,只能选择以下两个改迁方案。

方案一:如图 9-4 所示,在压力管浅埋段开挖新建消力井 XL1,并新建 XL1~W1 段 DN900 重力流管道,使得污水顺利排入鄞州大道现有 DN900 重力流污水主干管,再向西排放至 S 泵站北侧的 W2、W3 井,通过新建 W3~W4 段重力流管道或压力软管排入 S 泵站,之后进入正常排水系统。该方案存在的问题有:①如按永久管实施,需新建 W3~W4 段 DN900 重力流管道,埋深约 6.5 m,且附近存在 DN1200 工业给水管和长途通信光缆,开挖施工难度较大。另外,新建管道位于农田地块,需政策处理。②如按抽排临时管实施,同样需设置地面管道,跨越农田地块,需政策处理。③如按临时抽排方式,需在 W2、W3 井内设置潜污泵,且要求潜污泵开启后能够满足 Y 泵站开泵后的抽排流量,防止污水冒溢。

图 9-4 改迁方案一

　　方案二：如图 9-5 所示，自压力管 A 处起沿河岸敷设相同管径的压力管道，长约 1100 m，过河段采用架空管，直接接入 S 泵站，之后进入正常排水系统。该方案存在的问题有：①新建管道位于农田地块，需政策处理；②新建管道距离较长，Y 泵站的泵送距离可能受限，需更换潜污泵。

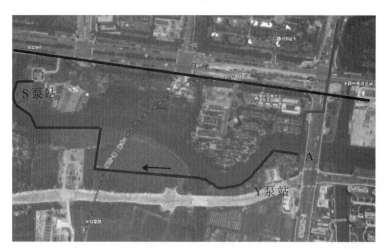

图 9-5 改迁方案二

　　改迁方案的工期、费用见表 9-1，通过上述分析可知，污水管改迁难度较大，且会对建设工期造成很大的影响，因此确定污水管与盾构区间相交处的埋深显得尤为重要，直接关系到是否需对其进行改迁。

表 9-1 改迁方案比较

方案	工期	费用	备注
①	预估 5 个月	约 30 万元	不包含政策处理费
②	预估 3 个月	约 150 万元	不包含政策处理费

（3）工程地质条件

场地地貌类型属于滨海冲湖积平原,地势开阔平坦,路口地面标高为 3.1～3.5 m。场地属典型的软土地区,分布厚层状软土,软土层深度达 35 m 左右,包括①₃ 层淤泥质黏土、②₂ₐ 层淤泥、②₂ᵦ 层淤泥质黏土、③₂ 层流～软塑状粉质黏土、④₁ 层淤泥质黏土、④₂ 层流～软塑状黏土。因场地位于汗江河一侧,恰好处于暗浜区域,地表填土厚度达 3.1～6.5 m,推测管线区域平均填土厚度预计 4.0～5.0 m。填土主要由碎块石、黏性土及碎砖块等建筑垃圾组成,碎块石大小混杂,粒径一般为 5～30 cm,个别大于 60 cm,均匀性差。鄞州大道与宁南南路路口处的工程地质剖面见图 9-6。

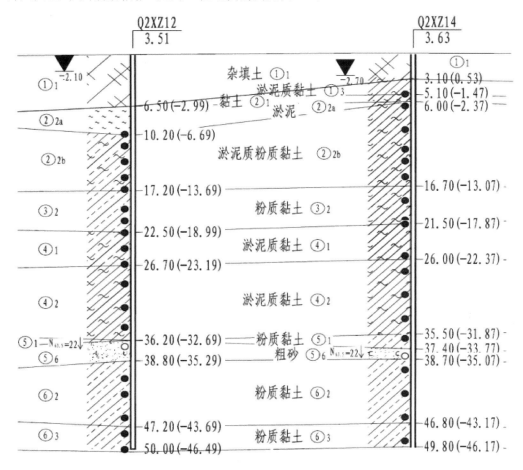

图 9-6　工程地质剖面图

（4）探测过程

通过对管线材质、埋深、运行状况等因素的分析,地面物探方法适应性受限,传感器探测法、示踪导线法和惯性陀螺仪定位技术须对管线进行开口,综合考虑后确定采用工程钻探法进行探测。具体做法为:沿推测管线走向布置探测断面,利用 XY-1 型钻机开孔,上部填土采用合金或金刚石钻头钻进,打穿填土后,更换成地下管线勘察专用钻头(见图 9-7)进行钻进,如在软土中遇到坚硬物(即推测地下管线),及时测量孔口坐标及标高,并记录相应埋深。

因场地位于暗浜区域,填土厚度基本在 4.0 m 以上,合金钻头钻进速度缓慢,为提高工作效率,根据实际情况采用小型挖机对探测断面的上部填土先行予以机械挖除。根据污水管直径和大致埋深,断面探测孔的间距取 0.4～0.5 m,深度取 15 m。本次管线探测工作于 2017 年 2 月 10 日开始,至 2017 年 3 月 11 日结束,探测时间达 1 个月,主要分为两个探测阶段。

①盲目探测阶段(2 月 10 日—3 月 3 日)

图 9-7　钻具＋地下管线勘察专用钻头

根据城投公司提供的设计施工图进行现场放样,考虑到不是竣工资料,同时联系管线施工单位对污水管走向进行现场指认并放样,两者放样线相差约 5.5 m,在放样线范围内外扩 2.0 m 进行开槽探测。本阶段探测工作于 2017 年 2 月 10 日开始,至 3 月 3 日共计完成 23 个探测孔,未探测到污水管。

②针对性探测阶段(3 月 4 日—3 月 11 日)

盲目探测阶段后期,在开展钻探探测工作的同时,联系管线施工单位到场对宁南南路东侧绿化带进行开挖,于 3 月 4 日挖出浅埋弯头(见图 9-8),1# 测点管顶埋深 2.0 m。根据浅埋弯头位置,沿着污水管大致走向,在北侧约 50 m 处布置第一个探测断面,于 3 月 7 日成功探测到污水管,2# 测点管顶埋深 6.4 m,随后自南向北在盾构右线和左线各布置 1 个探测断面,至 3 月 11 日顺利探测到盾构左、右线断面的污水管位置,盾构右线 3# 测点的管顶埋深为 7.0 m,左线 4# 测点的管顶埋深为 7.8 m。

图 9-8　污水管浅埋弯头开挖情况

(5)探测结果

共实测污水管 4 处,其中开挖坐标 1 个,探测坐标 3 个,根据测点埋深和地面标高,可相应得到各测点的管顶标高,污水管探测成果见表 9-2,探测成果平面图如图 9-9 所示。

表 9-2　污水管探测成果

测点	Y 坐标	X 坐标	管顶埋深（m）	地面标高（m）	管顶标高（m）
1#	603356.57	98302.19	2.0	3.312	1.312
2#	603363.29	98353.88	6.4	3.194	−3.206
3#	603368.11	98381.68	7.0	3.367	−3.633
4#	603370.47	98396.24	7.8	3.421	−4.379

注：1#测点为现场开挖孔；2#~4#测点为工程钻探法探测孔。

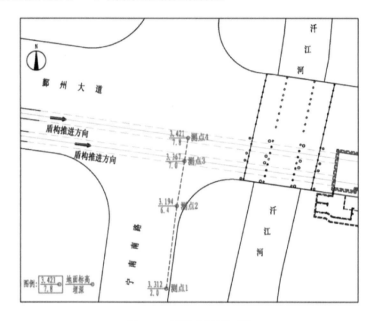

图 9-9　探测成果平面图

根据管顶标高和污水管直径，可换算得到管底标高，再根据设计、施工资料，盾构区间左、右线与污水管交叉处的位置关系见表 9-3。由表 9-3 可知，污水管未侵入盾构隧道，与盾构刀盘之间的距离分别为 4.022 m 和 4.711 m，满足盾构区间正常推进的要求，无需对污水管进行改迁处理。

表 9-3　污水管与盾构位置关系

线位	管底标高（m）	管片顶标高（m）	刀盘顶标高（m）	两者距离（m）
右线	−4.233	−9.029	−8.944	4.711
左线	−4.979	−9.086	−9.001	4.022

9.3 跨孔超声波法探测地下管道埋深的应用技术研究

9.3.1 方法技术和仪器设备

（1）方法技术

岩土跨孔超声波法探测是通过声波在岩土内的传播特征来研究岩、土性质和均匀性的一种物探方法。其方法技术,是在被测目标物两侧预埋（利用钻孔成孔埋设）两根竖向相互平行的声测管（铁管或PVC管）作为探测通道,将超声脉冲发射换能器与接收换能器分别置于声测管中,管中注满清水作为耦合剂,由发射换能器发射超声脉冲信号,穿过声测管之间的介质,并经接收换能器接收信号,判读出超声波穿过介质的声时、接收波首波的波幅等参数。超声脉冲信号在地下介质中的传播遵循费马定律,当介质（如埋有管道等地下埋藏物）存在波阻抗差异时,将发生反射、绕射、折射、透射和声波能量的吸收、衰减,使接收信号在介质中传播的时间、振动幅度、波形及主频等发生变化,这样接收信号就携带了有关传播介质的密实情况等信息。由仪器的数据处理与判断分析软件对接收信号的各种声学参数特征进行综合分析,结合地层情况、介质（如埋有管道）性质,即可判定被测地下埋藏物（地下管道）的深度（H_0）。跨孔超声波法探测如图9-10所示。

钻孔成孔直径宜为76～110 mm,钻机设备安装必须周正、稳固、底座水平。钻机立轴中心、天轮中心（天车前沿切点）与孔口中心必须在同一铅垂线上。当地表面与钻机底座的垂向距离较大时,应安装孔口管,孔口管应垂直、牢固。钻机在钻芯过程中不应发生倾斜、移位,钻芯孔垂直度偏差不宜大于0.5%。钻头应根据土层性质、管道材料性质选用特制PVC塑料钻头,以防止打破管道,必须确保管道安全。

声测管材质宜采用外径50～76 mm、内径40～55 mm的PVC管或铁管,声测管应下端封闭,上端加盖,管内无异物,声测管连接处应光顺过渡,并采取有效措施防止水泥浆等异物进入声测管内;各声测管管口高度宜一致;声测点间距（Ln）不大于10 cm,确定声测管外壁间最小净距离L和首波初至,测读声波传播时间t_i和首波波幅衰减量A_i;通过仪器发射接收系统的延时时间t_0和声时修正值t'的校正,得到测点的声测管外壁间介质的声时t_i,从而求得测点处介质的声速V_i。

$$V_i = L/t_i$$

①检测剖面的声速异常判断概率统计值的确定

先将检测剖面各声测点的声速值V_i由

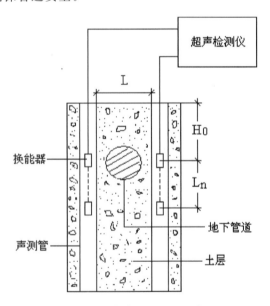

图9-10 跨孔超声波法探测示意图

大到小依此排序,再对逐一去掉 V_i 中的 k 个最小数值和 k 个最大数值后的其余声速数据,按下列公式进行统计计算:

$$V_{01} = V_m - \lambda \cdot Sx$$

$$V_{02} = V_m + \lambda \cdot Sx$$

$$V_m = \frac{1}{n-k-k'} \sum_{i=k'+1}^{n-k} V_i$$

$$Sx = \sqrt{\frac{1}{n-k-k'-1} \sum_{i=k'+1}^{n-k} (V_i - V_m)^2}$$

$$Cv = Sx / V_m$$

式中:V_{01}——检测剖面的声速异常小值判断值;

$\quad\quad V_{02}$——检测剖面的声速异常大值判断值;

$\quad\quad V_m$——$(n-k-k')$ 个数据的平均值;

$\quad\quad Sx$——$(n-k-k')$ 个数据的标准差;

$\quad\quad \lambda$——由现行国家行业标准 JGJ 106 规范中查得的 $(n-k-k')$ 相对应的系数;

$\quad\quad Cv$——$(n-k-k')$ 个数据的变异系数。

检测剖面的声速异常判断概率统计值 V_0 应按下列公式计算:

当 $Cv < 0.015$ 时,$V_0 = Vm(1-0.015\lambda)$

当 $0.015 \leqslant Cv \leqslant 0.045$ 时,$V_0 = Vm$

当 $Cv > 0.045$ 时,$V_0 = Vm(1-0.045\lambda)$

对只有单个检测剖面的地基岩土,其声速异常判断临界值(V_c)等于检测剖面声速异常判断概率统计值(V_0)。第 i 测点的声速 V_i 异常应根据管道性质、岩土层声速背景值、跨孔声测管外壁间距离等情况判定。

②波幅 A_i 异常判断的临界值(A_c)的确定

用接收信号能量的平均值的一半作为波幅异常判断的临界值,波幅异常判断的临界值按公式 $A_c = (A_m - 6)$ 计算。波幅 A_i 异常应按下式判定:

$$A_i < A_c$$

式中:A_m——检测剖面各声测点的波幅平均值(dB);

$\quad\quad A_i$——检测剖面第 i 声测点的波幅值(dB);

$\quad\quad A_c$——检测剖面波幅异常判断的临界值(dB)。

第 i 测点的波幅 A_i 异常应根据管道性质、土(岩)层波幅背景值、跨孔声测管外壁间距离等情况判定。

③PSD 值判断:用声时-高程曲线上相邻两测点的斜率 K 及相邻两点声时差 $\triangle t$ 的乘积 $K \cdot \triangle t$ 作为异常声测线的辅助判据。

④按声速明显高于周围土层介质声速值和波幅小于周围土层介质波幅值的测点处为地下管道存在的可疑区;辅以声波的初至波、频率、波列形状等特征,进行异常点判定,再结合地层变化、地下管道性质等情况,来判定地下管道的埋深和垂直分布范围(即管径)。

(2)仪器设备

跨孔超声波法探测地下管道埋深,采用北京市康科瑞工程检测技术有限责任公司制造的 2 台 NM-4A 型非金属超声检测分析仪(编号:NM-4A-792 和 NM-4A-858)。能实时显示和记录接收信号时程曲线以及频率测量;最小采样间隔 0.1 μs,量程 0.1~210000 μs;最大采样长度 32 k;系统频带宽度优于 1~200 kHz,声幅的幅度测读范围0~177 dB。声波发射脉冲为矩形脉冲,最大电压幅值 1000 V;首波实时显示;自动记录声波发射和接受换能器深度位置。

收、发换能器采用 KCRT-YGDF-50kHz 型圆柱状径向水平无指向性的超声换能器,外径应小于声测管内径,外径为 28 mm,有效工作段长度不大于150 mm;超声换能器谐振频率应为 30~60 kHz,当接收信号较弱时,选用带有前置放大器的接收换能器;换能器水密性应满足 1 MPa 水压不渗水。换能器连接导线上有深度标记,其刻度偏差不大于10 mm,换能器两端安装了扶正器。

超声检测分析仪的正常岩体的超声波最大穿透距离≥10 m,岩、土层的超声波最大穿透距离有待试验研究。它集超声波发射、双通道同步接收、数字信号高速采集、声参量自动检测、数据分析处理、结果实时显示、数据存储与输出等功能于一身。数据处理分析软件为超声分析处理软件。岩土跨孔超声波法探测仪器如图 9-11 所示。

图 9-11　跨孔超声波法探测仪器示意图

9.3.2　资料收集、现场踏勘及方法试验

超声波法在地下管道埋深探测的应用技术研究包括资料收集、现场踏勘、方法试验等前期工作流程。在物探资料的解释中还存在多解性的问题,即对于同一异常场有时可得出不同的地质解释。这种情况往往是由于复杂的地质条件和地球物理场理论自身的局限性造成的。为了克服这种多解性的影响,应尽可能地收集已知的地质资料、地下管道性质资料,通过方法试验,进行综合分析解释,从而得到可靠的探测成果。

(1)资料搜集

地下管道与周围介质的声波速度、密度应存在明显差异。部分周围介质中的声速参考表 9-4。

表 9-4　部分介质的声速和密度表

介质	声速(m/s)	密度(t/m^3)	介质	声速(m/s)	密度(t/m^3)
真空	0	0	土层	1000～3000	/
空气(25℃)	346	0.00129	淤泥质黏土	1000～1700	/
水（常温 25℃）	1480	1.0	黏土	1400～1750	/
蒸馏水(25℃)	1497	约1.0	新鲜岩石	3000～5500	/
海水(25℃)	1531	/	PVC 材料	2000	/
煤油(25℃)	1324	0.8	钢(棒)	5800	7.85
液化天然气	/	0.46	铁(棒)	5200	7.8
标准状况气态天然气	/	0.000717	铜(棒)	3750	7.4～9.5
液化石油气	/	0.58	混凝土	3000～4550	2.4～2.55

注:地下管道材料主要为钢、铁、混凝土、PVC 材料等。

（2）现场踏勘

根据前期收集的资料,到实地进行现场踏勘,为后续技术力量分配和作业方案的确定做准备。实地调查主要是调查管道性质和平面位置,包括埋深、管径、材质、管道内物质等有关参数,以及实地上能看见的管道附属物、出露的特征点等,管道出露的特征点如图9-12。

开展跨孔超声波法探测,首先要查明地下管道的大致分布范围和区间位置,地表、地下障碍物情况,现场地面平整情况、积水等环境因素,场地地层分布情况等,选择有利于布置钻孔的位置。

图 9-12　管道埋深探测现场踏勘

（3）方法试验

跨孔超声波法探测岩土的传播距离（L）会受仪器发射能量大小、介质物理性质的限制,超声脉冲信号在土层介质中传播的能量衰减较快,因此,应开展跨孔超声波法探测岩土的有效性试验。

首先,应对超声波在岩土层介质中有效传播距离的大小进行研究试验,有效传播距离是指仪器接收到的声波信号初至能被清晰识别;其次,对跨孔超声波法探测地下管道埋深的有效性进行应用研究。

①方法有效性试验

于 2015 年 3 月 19 日在一块空宽地坪上,进行了超声波在土层介质中有效传播距离大小的初步试验,用麻花钻钻成二孔,孔深 2.5 m,声测管材质为外径 40 mm 的 PVC 管,声测管外壁间最小净距离为 3122 mm。自上而下的地层分别为:

杂填土,深度 0~0.3 m,松散;

素填土,深度 0.3~1.5 m,密实;

黏土,深度 1.5~2.5 m,软~可塑。

试验结果,在黏土层中超声波波形初至清晰可辨(图 9-13 和图 9-14),测试精度高(采样间隔为 1.6 μs),数据可靠;黏土层平均声波波速 1520 m/s,平均波幅值 103dB。

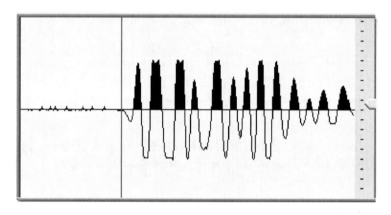

图 9-13　深度 2.0 m 处黏土层跨孔超声波波形

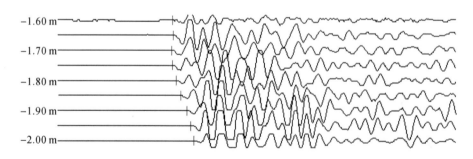

图 9-14　在黏土层中管间距 3122 mm 处的超声黏土波波列图

根据方法初步试验结果可得出结论,超声波在黏土层中有效传播距离大于 3.1 m,具备了跨孔超声波法探测地下管道埋深的重要条件之一,但在实际岩土超声波法探测工作前,应做好以下工作:

a. 既有地下管道大致平面位置,可结合实地地下管道的调查工作,并通过资料收集、电磁法地下管线探测等手段来实现,必要时辅以静力触探等方法确定管道平面位置。

b. 钻机成孔方案应经过安全论证,钻头应使用特制的塑料钻头进行钻机成孔,以确保既有管道的安全;孔径宜为 76 mm,使声测管与土层紧密接触;声测管应管间平行、管内畅通、管节牢固、管底密封,管内无异物;地表下埋管龄期宜为 7 天左右。

c.埋设的声测管材质宜为铁管、PVC 管。

d.埋设的声测管外径宜为 50～76 mm,壁厚宜为 2.0～3.0 mm;宜提前 7 天以上预埋声测管。

e.校正现场仪器设备电缆计数器误差;超声波法检测点距应≤10 cm。

f.检测现场应避开周围的振动影响。

②超声波在土层介质中有效传播距离的试验研究

在跨孔超声波法探测地下管道埋深的钻孔成孔过程中,岩土超声波在土层介质中有效传播距离越大,钻孔间的距离越大,对管道就越安全,也可有利于大管径(≥2.0 m)管道的探测。

a. 声测管间距 3.0 m,在小港高尔夫球场内,埋深 1.3～5.0 m 的黏土与淤泥质黏土层的超声波波列图见图 9-15,超声波初至清晰可辨,波列能量较强,传播效果好。而浅部 0～1.2 m 的松散杂填土的超声波初至难辨,信号无效。

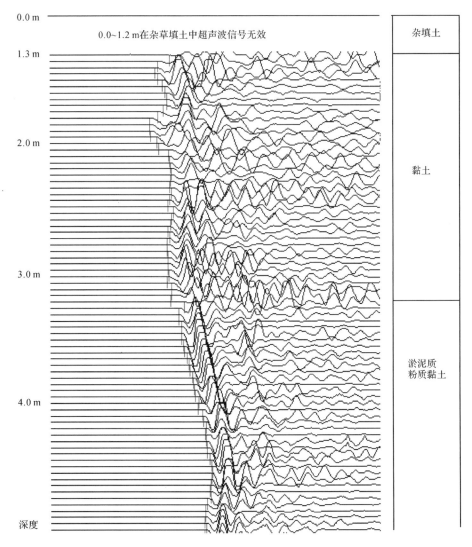

图 9-15　声测管间距 3.0 m 的超声波波列图

b.声测管间距3.2 m,在宁波庄市梅林泵站工程,埋深3.5～7.4 m的黏土与淤泥质黏土层的超声波波列图见图9-16,超声波初至清晰可辨,波列能量较强,传播效果好。而浅部0～2.0 m的松散填土层的超声波初至难辨,信号无效。

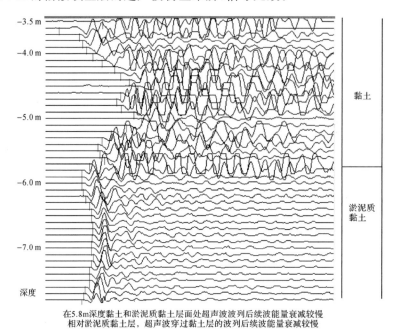

在5.8m深度黏土和淤泥质黏土层面处超声波波列后续波能量衰减较慢
相对淤泥质黏土层,超声波穿过黏土层的波列后续波能量衰减较慢

图9-16 声测管间距3.2 m的超声波波列图

c.声测管间距3.3 m,在宁波鄞州区明辉路,埋深2.6～5.4 m的淤泥和黏土层的超声波波列图见图9-17,超声波初至清晰可辨,波列能量较强,传播效果好。相对黏土层而言,淤泥层的后续超声波能量衰减较慢。在浅部0～2.0 m的松散填土层中,声测管与土层接触很松,超声波初至难辨,信号无效。

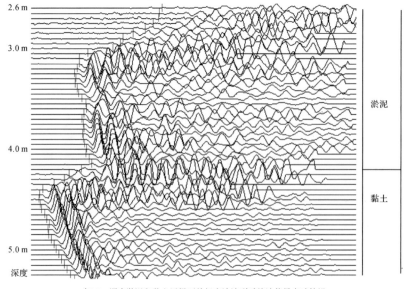

在4.2 m深度淤泥和黏土层界面处超声波波列后续波能量衰减较慢

图9-17 声测管间距3.3 m的超声波波列图

　　d. 声测管间距 3.4 m，在宁波小港高尔夫球场内管线北移工程 23 剖面中，埋深 15.0～18.0 m 的淤泥质黏土、黏土层的超声波波列图见图 9-18，超声波初至清晰可辨，波列能量较强，传播效果好。但是，在 16.5～16.8 m 的砾砂层中，超声波初至已不够清晰，波列信号能量较弱，频率相对较低。岩土跨孔超声波波法探测距离试验现场照片见图 9-19。

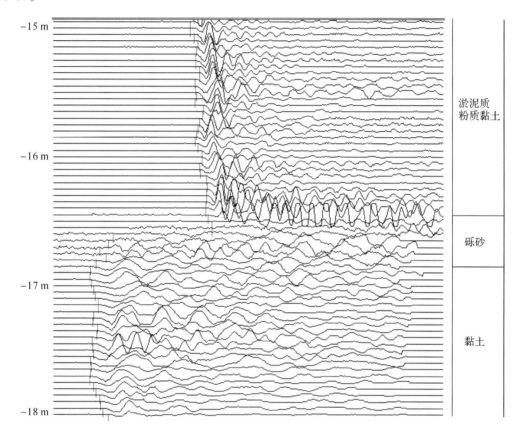

图 9-18　声测管间距 3.4 m 的超声波波列图

图 9-19　跨孔超声波波法探测现场

e.声测管间距2.92 m,宁波鄞江镇DN2000自来水管道物探工程23剖面,埋深8.0~11.0 m的圆砾、含黏性土圆砾、含砾砂粉质黏土层的超声波波列图见图9-20,超声波初至清晰可辨,波列能量较强,频率相对较低,传播效果较好。

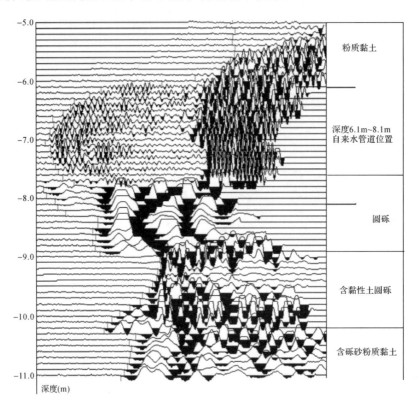

图9-20 声测管间距2.92 m的超声波波列图

f.超声波在不同土层中传播的波速、频率、能量是有区别的。例如,声测管距离为2.99 m,在深度15.7 m处淤泥质粉质黏土层中传播的超声波频率相对较高,初至波能量相对很强,声速为1664 m/s,见图9-21;在深度17.0 m处黏土层中传播的超声波频率相对较低,初至波能量相对较强,声速为1860 m/s,见图9-22。在深度8.4 m处(管距3.47m)圆砾层中超声波波形见图9-23,超声波频率相对较低,初至波能量相对较强,声速为2224 m/s。

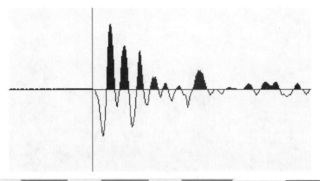

声时 1796.40u: 声速 1.664km/s 幅值 123.35dB 测管间距 2990mm

图9-21 在15.7 m淤泥质粉质黏土层中超声波波形

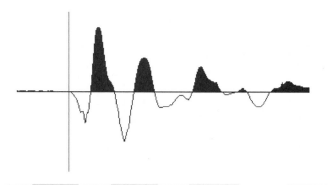

声时 1607.60u. 声速 1.860km/s 幅值 111.42dB 测管间距 2990mm

图 9-22　在 17.0 m 黏土层中超声波波形

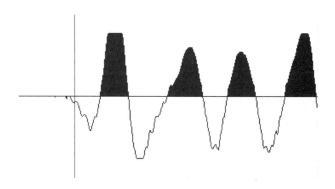

声时 1560.60u. 声速 2.224km/s 幅值 89.09dB 测管间距 3470mm

图 9-23　在 8.4 m 圆砾层中超声波波形(管距 3.47m)

在不同土层介质中超声波有效性传播的波形特征见表 9-5。

表 9-5　在不同土层介质中超声波有效性传播的波形特征

地层名称	土层性质	声测管外壁间距离	探测深度	超声波特征
杂填土	松散	3.0～3.4 m	0～2.0 m	超声波初至难辨,信号无效
黏土	软可塑	3.0 m	1.3～3.0 m	超声波初至清晰可辨,波列能量较强,信号有效
黏土	可塑	3.4 m	16.8～18.0 m	超声波初至清晰可辨,波列能量较强,信号有效
淤泥质黏土	流塑	3.0 m	3.0～5.0 m	超声波初至清晰可辨,波列能量较强,信号有效
淤泥质黏土、黏土	流塑、软～可塑	3.2 m	3.5～7.4 m	超声波初至清晰可辨,波列能量较强,信号有效

续　表

地层名称	土层性质	声测管外壁间距离	探测深度	超声波特征
淤泥、黏土	流塑、可塑	3.3 m	2.6～4.2 m	超声波初至清晰可辨,波列能量较强;相对黏土层而言,淤泥层的后续超声波能量衰减较慢,信号有效
淤泥质黏土、粉质黏土	流塑、可塑	3.4 m	15.0～16.5 m	超声波初至清晰可辨,波列能量较强,信号有效
砾砂	稍密	3.4 m	16.5～16.8 m	超声波初至不够清晰,波列信号能量较弱,频率相对较低,信号基本无效
圆砾、含黏性土圆砾	密实	3.47 m	8.0～10.2 m	超声波初至清晰,波列信号能量较强,频率相对较低,圆砾层的频率相对更低,信号有效
含砾砂粉质黏土	硬可塑	2.92 m	10.2～11.0 m	超声波初至清晰,波列信号能量较强,频率相对较低,信号有效

③在浅部土层中超声波传播特性的研究试验

浅部土层一般是指埋深小于 5 m 的土层。浅部土层往往较松散,密实度较差,在传播过程中声波产生绕射、散射严重,超声波能量衰减较快,在传播一定距离后初至波难以被辨别。了解超声波在浅部土层中传播有效距离的大小,有助于超声波法探测地下管道的成果解释的完整性。

声测管外壁间距离 1.44 m,在深度 0.8 m 处黏土夹管道层中超声波波形(图 9-24),到达的初至波难以辨别,说明浅部土层松散,不利于开展超声波法探测浅部管道埋深工作。同样的声测管外壁间距离 1.44 m,在深度 1.5 m 处黏土层(软塑)中超声波波形(图 9-25)初至波较清晰,有利于开展超声波法探测浅部管道埋深工作。现场试验照片如图 9-26。

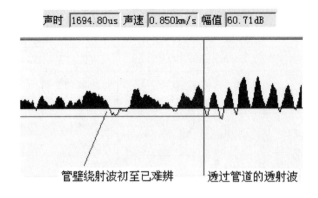

声时 1694.80us　声速 0.850km/s　幅值 60.71dB

管壁绕射波初至已难辨　　　透过管道的透射波

图 9-24　在深度 0.8 m 处黏土夹管道层中超声波波形

声时 923.60us　声速 1.559km/s　幅值 84.61dB

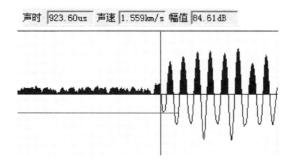

图 9-25　在深度 1.5 m 处黏土层中超声波波形

图 9-26　在浅部土层中超声波法探测管道埋深的现场试验

在 0～3 m 浅部土层中跨孔超声波法探测波列图（图 9-27），在 0～1.4 m 浅部土层中接收到的超声波初至波难以辨别；在 1.5～3.0 m 浅部土层中接收到的超声波初至波较清晰可辨，说明该深度处的浅部土层已较密实，在声测管外壁间距离 2.87 m 条件下，也可以开展管道埋深探测。现场试验照片如图 9-28。

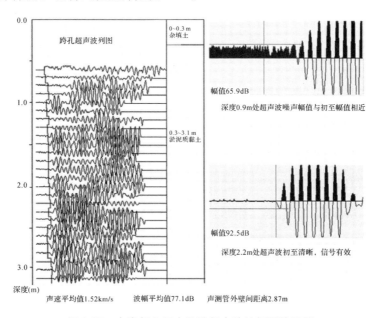

图 9-27　在浅部土层中跨孔超声波法探测波列图

图 9-28 在浅部土层中跨孔超声波法探测试验现场

综上所述,在浅部土层松散的情况下,不利于开展超声波法探测浅部管道埋深工作;在浅部土层密实的情况下,声测管外壁间距离可放宽到 3.0 m 左右,如果超声波初至波较清晰,可开展跨孔超声波法探测浅部管道埋深的工作,特别有利于浅部双层管道的埋深探测。

④方法试验总结

经过跨孔超声波在土层介质中有效传播距离、在浅部土层中超声波传播特性的研究试验,总结如下:

a.跨孔超声波的有效传播距离应能使仪器接收到的初至波信号被清晰识别。

b.在淤泥、淤泥质黏土、淤泥质粉质黏土、黏土、粉质黏土等流塑、软塑、软可塑、硬可塑、硬塑的软土层中,有利于开展跨孔超声波法探测地下管道埋深的工作,其有效传播距离至少可达 3.4 m,但在开展跨孔超声波法探测地下管道埋深工作前必须进行传播距离的有效性试验。

c.在密实的圆砾、含黏性土圆砾等土层中有利于开展跨孔超声波法探测地下管道埋深的工作,其有效传播距离至少可达 2.9 m,但在开展跨孔超声波法探测地下管道埋深工作前必须进行传播距离的有效性试验。

d.在松散、不密实的土层中,不利于开展跨孔超声波法探测地下管道埋深的工作,例如松散的杂填土、素填土,不密实的砾砂、砾石、圆砾等等;一般情况下,超声波在地表浅部松散土层中的有效传播距离小于 1.0 m。

e.探测现场应避开周围的振动影响。

9.3.3 探测地下管道埋深的工程应用实例

(1)鄞州区明辉路污水主干管Ⅰ标段管道工程天然气管道埋深探测

鄞州区明辉路(茅山路—鄞西污水处理厂)污水主干管Ⅰ标段管道工程,在工区内有一外径 508 mm 的天然气管道(钢质、管内为液化天然气),由于在指定的 P1 点位置处地下深处将进行污水主干管定向钻施工,设计单位要求正确查明该处地下已铺设的外径

508 mm 的天然气管道埋深,以确保地下施工安全。

①钻孔和探测

首先通过电磁法管线探测,查明天然气管道平面位置位于 P1 点,而管道的正确埋深较难确定。以 P1 点位置为中心的对称两侧进行了钻孔,孔径为 76 mm,孔深 15.0 m;孔中埋设铁质声测管,声测管外壁间距离 3315 mm。埋管龄期 1 天,确定测试深度自地表下 12.6 m;测试的采样时间间隔 1.6 μs,点距 0.05 m,仪器发射电压 500 V。跨孔超声波法探测地下管道埋深的概况见表 9-6。现场探测见图 9-29。

表 9-6　跨孔超声波法探测概况

点号	天然气管道外径(mm)	天然气管道性质	测试深度(m)	钻孔深度(m)	成孔日期	检测日期	声测管外壁间距离(mm) 1~2 孔
P1	508	钢管/管内为液体天然气	12.6	15.0	2015-03-26	2015-03-27	3315

注:在跨孔超声波法探测时,假定测点处自然地面为 0.0 m 起算。

图 9-29　跨孔超声波法探测现场照片

②探测成果技术分析

在深度＜8.25 m 的上部介质和深度＞9.10 m 的下部介质的数米深度范围内,每点接收到的跨孔超声波初至波组无明显异常,超声波声速小于 1.280 km/s,波幅大于 100.00 dB。跨孔超声波法探测成果见图 9-30。从 P1 点位置跨孔超声波波列图中提取深度 7.0～9.60 m 段的超声波波列图,见超声波法管道段及上下介质波列图(图 9-31)。

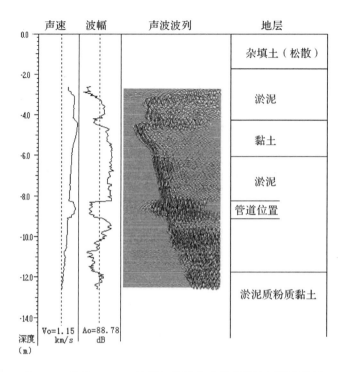

图 9-30 外径 508 mm 天然气管道跨孔超声波法探测成果图

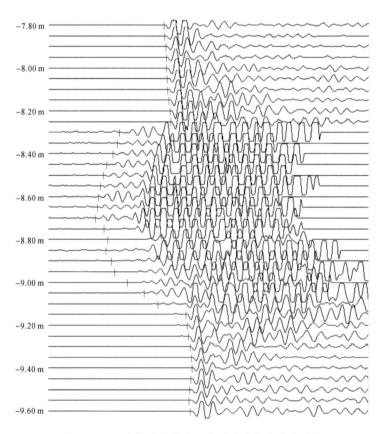

图 9-31 P1 点管道段及上下介质跨孔超声波波列图

　　图 9-31 清晰地表现出在深度 8.25～9.10 m 段内超声波波组形态明显不同于上下周围土层介质的波组形态,该段超声波初至波波首面呈"双曲线"弧形,超声波声速为 1.335～1.368 km/s,明显高于上下周围土层介质的声速值,认为是超声波沿钢质管道外壁绕射而先到达的声波波组;初至波能量明显降低,频率明显低于后续声波频率,认为是因超声波绕射、散射而能量明显降低,波幅为 62.04～75.34 dB,明显低于上下周围土层介质的波幅值,经过 3～4 个声波脉冲周期后的后续超声波(认为超声波穿过钢质管道内物质后到达的后续声波)能量明显增强;而深度小于 8.25 m、大于 9.1 m 的上下周围土层介质的超声波波组能量表现出不同情况,初至波能量较强,后续超声波能量明显减弱,没有出现相对较低的初至波频率。

　　根据该工程的地质勘察资料,测试孔处深度 6.1～11.6 m 地层为淤泥,声测管外壁间距离为 3315 mm,跨孔间深度 8.2 m 处土层超声波声时为 2614.4 μs(已经过声时校正),即声速为 1.268 km/s,见图 9-32;深度 8.5 m 处超声波声时为 2440.4 μs(已经过声时校正),声速为 1.358 km/s,明显高于该深度附近上下土层的超声波波速,又因该天然气管道的材质为钢管,认为深度 8.5 m 处跨孔间介质是土层夹管道,也说明了声波传播遵循费玛定律,见图 9-33。

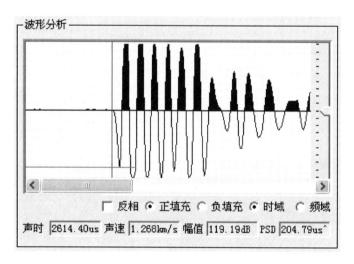

图 9-32　明辉路深度 8.2 m 处土层超声波波形
(声速 1.268 km/s,声时 2614.4 μs,声幅 119.19 dB)

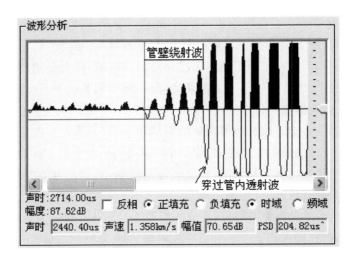

图 9-33　明辉路深度 8.5 m 介质的超声波波形
（声速 **1.358 km/s**，声时 **2440.4 μs**，声幅 **70.65 dB**）

③探测成果

综上所述，根据地质资料，在深度 6.0～11.0 m 都为淤泥土，地层无变化，结合接收到的超声波声速、波幅、声波频率、初至波波组、地层等变化情况，认为在深度 8.25～8.90 m 淤泥层土中埋藏有天然气管道，判定管顶埋深 8.3 m。P1 点的岩土跨孔超声波波列影像解释成果图见图 9-34，跨孔超声波法探测成果表见表 9-7。

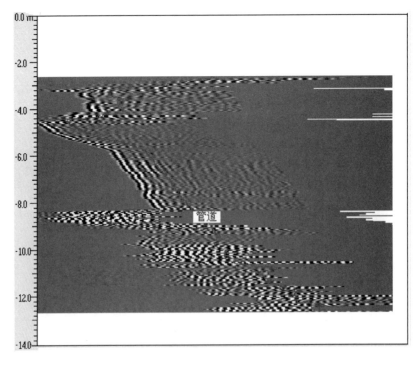

图 9-34　P1 点跨孔超声波波列影像解释成果图

表 9-7　跨孔超声波法探测天然气管道(外径 508mm)埋深成果表

序号	点号	测试深度(m)	平均声速(km/s)	平均波幅(dB)	声波异常解释	判定结果
1	P1	12.6	1.276	94.78	根据声波-深度曲线、波幅-深度曲线、实测波列图： ①在深度 8.25～8.90 m 处，超声波声速为 1.335～1.368 km/s，明显高于上下周围土层介质的声速值； ②波幅为 62.04～75.34 dB，明显低于上下周围土层介质的波幅值； ③该段超声波初至波波首面呈"双曲线"弧形。 综合超声波声速、波幅、声波频率、波组、地层等特征，认为在深度 8.25～8.90 m 淤泥土中埋藏有天然气管道，判定管顶埋深 8.3 m	判定天然气管道管顶埋深 8.3 m

注：已知该点地下埋藏物为外径 508 mm 的钢质天然气管道。

④成果验证

经过对 P1 点处跨孔间的静力触探验证，在深度 8.3 m 处触探钻头碰到了硬的埋藏物而钻不下去了，证明天然气管道管顶埋深 8.3 m 是正确的。

(2)梅林调蓄泵站联络管工程天然气管道埋深探测

在工区内有一根外径 400 mm 的天然气管道(钢管、管内为气体状态天然气)，由于在指定的 P2 点位置地下深处将进行管道定向钻施工，建设单位要求正确查明该处地下已铺设的外径 400 mm 的天然气管道埋深，以确保地下施工安全。

根据该处地质资料，自地表而下，深度 0.0～3.2 m 为杂填土，深度 3.2～4.9 m 为淤泥质黏土，深度 4.9～6.1 m 为黏土，深度 6.1～11.2 m 为淤泥质黏土，深度 11.2～17.8 m 为粉质黏土夹粉土。

①钻孔和探测

首先通过电磁法管线探测，查明了天然气管道平面位置位于 P2 点处，但管道的正确埋深难以确定；而后以 P2 点位置为中心对称两侧进行钻机成孔，孔径为 76 mm，孔深18.0 m；埋设钻孔 PVC 声测管，声测管外壁间距离 3183 mm；埋管龄期 2 天；确定了测试深度自地表下 17.0 m；探测采样时间间隔 1.6 μs，探测点距 0.05 m，仪器发射电压 500 V。跨孔超声波法探测概况见表 9-8。

表 9-8　跨孔超声波法探测概况

点号	天然气管道外径(mm)	天然气管道性质	测试深度(m)	钻孔深度(m)	成孔日期	检测日期	声测管外壁间距离(mm) 1～2 孔
P2	400	钢管/管内为气体天然气	17.0	18.0	2015-04-24	2015-04-26	3183

注：在跨孔超声波法探测时，假定测点处自然地面为 0.0 m 起算。

预估跨孔超声波经过管道传播的声时、声速理论计算见表9-9。

表9-9   预估跨孔超声波经过管道传播的声时、声速理论计算

声测管外壁间距离L(mm)	管道外径D2(mm)	管周土层声速V4(km/s)	管道内径d2(mm)	管道材质声速V2(km/s)	管道内介质声速V3(km/s)	管道半周长π·D2/2(mm)	预估声波横穿管道的跨孔间声时T(μs)	按费玛定律计算的跨孔间声时T(μs)	按费玛定律计算的跨孔声波速度(V6)(km/s)
3183	400	1.5	392	5.8	0.4	628.304	2836.71	1963.66	1.62

注:1.管道材质为钢,管道内介质为天然气,管周土层为淤泥质黏土。2.按费玛定律,一部分声波绕着管壁传播。

按费玛定律计算(一部分声波绕着管壁传播)的跨孔间声波速度 V6(1.62 km/s)与管道周围土层声速 V4(1.50 km/s)有明显的差异,具备了岩土跨孔超声波法探测管道埋深的地球物理条件。

该工程的跨孔超声波法探测现场见图9-35。

图9-35   梅林调蓄泵站跨孔超声波法探测现场照片

②探测成果技术分析

P2 点位置跨孔超声波法探测成果图见图9-36,波速平均值为 1.42 km/s,幅值平均值为 100.78 dB。根据接收的超声波信号在介质中传播的波速、幅值、波形及频率等变化特征,在 0～9.4 m、10.2～17.0 m 的深度范围内,跨孔超声波初至波波组无明显异常,超声波声速小于 1.60 km/s,大部分测点波幅大于 100.00 dB。在深度 9.4～10.2 m 段,测点接收到的跨孔超声波初至波波组能量明显减弱,认为是超声波经过钢质管道的绕射、散射而能量明显减弱,波幅为 85.19～99.54 dB,明显低于上下周围土层介质的波幅值;该段深度内超声波声速为 1.6～1.7 km/s,接近理论计算值,明显高于上下周围土层介质的声速值,认为超声波经过钢质管道时一定会沿着最佳、最省时的路径传播,减少了声时,提高了声速。

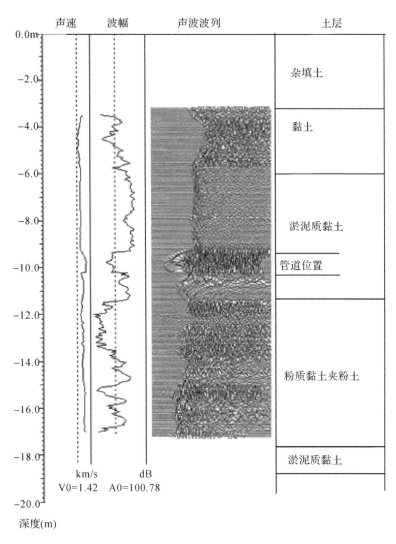

图 9-36　P2 点跨孔超声波法探测成果图

　　从 P2 点位置跨孔超声波波列图中提取深度 8.5～10.9 m 段的超声波波列图,见超声波法管道段及上下介质波列图(图 9-37)。更清晰地表现出在深度 9.4～10.2 m 段内超声波波组形态明显不同于上下周围土层介质的波组形态,该段超声波初至波首面呈"双曲线"弧形;超声波初至波能量明显减弱,经过几个声波脉冲周期后的后续超声波(认为超声波穿过钢质管道内物质后到达的后续声波)能量明显增强,初至波频率明显低于后续声波频率;而深度小于 9.4 m、大于 10.2 m 的上下周围土层介质的超声波波组能量表现出不同情况,初至波能量较强,后续超声波能量明显减弱,没有出现相对较低的初至波频率。

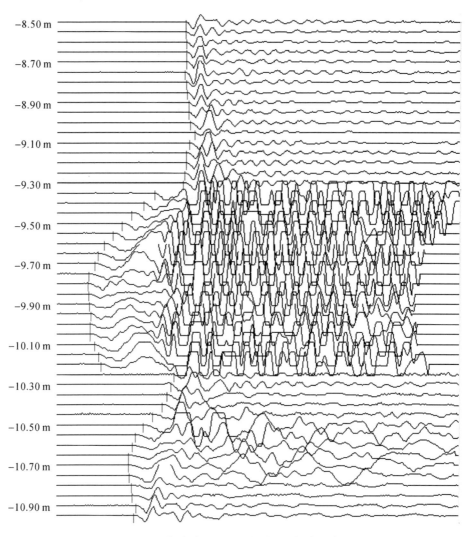

图 9-37 P2 点管道段及上下介质跨孔超声波波列图

根据该工程的地质勘察资料,测试孔处深度 6.1~11.2 m 地层为淤泥质黏土,声测管外壁间距离为 3183 mm,靠近管道底部深度 10.3 m 处土层跨孔超声波声时为 2075.4 μs(已经过声时校正),即声速为 1.560 km/s,见图 9-38;深度 9.8 m 处土层夹管道的跨孔超声波声时为 1872.2 μs(已经过声时校正),声速为 1.700 km/s,见图 9-39。

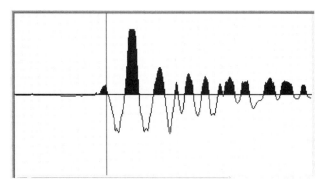

图 9-38　P2 点深度 10.3m 处土层声波波形

（声速 1. 560 km/s，声时 2075. 4 μs，声幅 135. 0 dB）

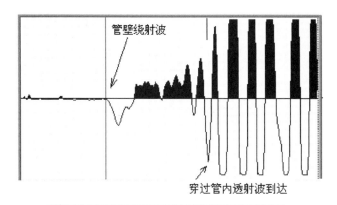

图 9-39　P2 点深度 9. 8 m 处土层夹管道声波波形

（声速 1. 700 km/s，声时 1872. 2 μs，声幅 91. 10 dB）

天然气管道外径为 400 mm，假定深度 9.8 m 处的跨孔超声波沿管壁近半周长的最佳、最省时的路径为 500 mm，由此得到沿管壁的绕行波波速值 VG：

跨孔间土层内的超声波声时：(孔距 3183 mm－管径 400 mm)/(1.56 km/s)＝1784 μs

沿半周长管壁的绕行波声时：1872.2 μs－1784 μs＝88.2 μs

得到：VG＝500 mm/88. 2 μs＝5. 67 km/s

管材为钢管，求得超声波沿管壁的绕行波波速值接近钢质弹性波速度值，且明显高于周围土层波速，也说明了声波传播遵循费玛定律。

③探测成果

综合 P2 点跨孔超声波接收到的超声波声速、波幅、声波频率、波组形态、地层等变化情况，认为在深度 9.4～10.2 m 淤泥质黏土中埋藏有天然气管道，反映的超声波波列特征清晰可辨，各声参数特征明显不同于周边土层的声参数特征，判定管顶埋深 9.6 m，管道中心埋深 9.8 m。岩土跨孔超声波法探测成果见表 9-10。P2 点的岩土跨孔超声波波列影像解释成果见图 9-40。

表 9-10 跨孔超声波法探测天然气管道(外径 400 mm)埋深成果表

序号	点号	测试深度(m)	平均声速(km/s)	平均波幅(dB)	声波异常解释	判定结果
1	P2	17.0	1.576	107.07	根据声波-深度曲线、波幅-深度曲线、初至波频率、实测波列图,在深度 9.4~10.2 m 处: ①超声波声速为 1.6~1.7 km/s,明显高于上下周边土层介质的声速值; ②波幅为 85.19~99.54 dB,明显低于上下周边土层介质的波幅值; ③初至波的频率、波幅都低于几个声波脉冲周期后的后续超声波的频率、波幅,上下周边土层介质无此特征; ④该段超声波初至波波首面呈"双曲线"弧形。 综合超声波声速、波幅、频率、地层等变化情况,认为在深度 9.4~10.2 m 淤泥土中埋藏有天然气管道,判定管顶埋深 9.6 m	判定天然气管道管顶埋深9.6 m

注:已知该点地下埋藏物为外径 400 mm 的钢质天然气管道。

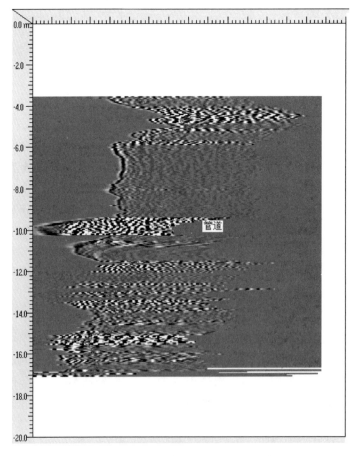

图 9-40 P2 点跨孔超声波波列影像解释成果图

④成果验证

在 P2 点位置处进行的地下管道定向钻施工,避开了深度 9.4～10.2 m 处,地下管道定向钻施工顺利完工,确保了地下施工安全。证明天然气管道管顶埋深 9.6 m 是正确的。

9.4　本章小结

通过对工程钻探法进行管线探测的工程应用研究,可以得到以下结论。

(1)工程钻探法结合地下管线勘察专用钻头的方法可有效实现深埋非金属管线的精确探测,为不具备开口条件的非金属管线探测提供了一种有效方法。

(2)因钻头采用 ABS 硬质塑料加工而成,只能满足切削软土和中硬土的要求,不能适应地表厚层填土的钻进。对于场地上部填土,建议采用人工开挖或小型挖机开挖方式对填土予以挖除,当填土厚度超过 4.0 m 时,可在小型挖机开挖的基础上,采用合金或金刚石钻头进行工程钻探法钻进,打穿厚层填土后采用钢套管对填土层进行隔离,再更换成地下管线勘察专用钻头进行探测。

(3)因钻头设计外径为 110 mm,对于直径≥200 mm 的非金属管线,工程钻探法探测效率相对较高,而对于直径<200 mm 的非金属管线,探测钻进过程中应确保钻具、钻杆的垂直度,避免断面探测时遗漏管线。探测断面间距宜根据管线直径确定,建议取 0.5～1.0 倍管线直径。

(4)工程钻探法探测工作量较大,预知管线的位置信息越准确,探测效率就会越高,因此布置探测断面前应由管线权属单位、施工单位熟悉管线信息的专业人员进行现场位置确认。当管线走向非常不清楚时,建议先开挖出浅埋接口位置以明确大致走向,再根据推测走向布置探测断面,以提高探测效率。

通过系统的跨孔超声波法探测在地下管道(钢质)埋深的方法试验和应用技术研究,可以得到以下结论。

(1)在已知地下岩土中既有管道大致平面位置的条件下,跨孔超声波法探测地下管道(钢质)埋深的应用技术是可行、有效的,可正确判定地下管道埋深。

(2)该方法的探测精度高,其探测地下管道埋深的绝对误差一般可控制在 0.1～0.2 m。

(3)在流塑、软塑、软可塑、硬可塑、硬塑的软土层中,有利于开展跨孔超声波法探测地下管道埋深的工作,其有效传播距离至少可达 3.4 m;在密实的圆砾等土层中有利于开展跨孔超声波法探测地下管道埋深的工作,其有效传播距离至少可达 2.9 m;但在开展跨孔超声波法探测地下管道埋深工作前必须进行接收信号的有效性试验。

(4)完善了跨孔超声波法探测地下管道埋深的方法技术,并编制了作业指导书。

(5)该物探方法的优点是能探测较大埋深的地下管道,探测地下管道的埋深已至少达到 20.0 m,有效地解决了正确探测埋深大于 5 m 的管道埋深难题,填补了国内正确探测较大埋深的地下管道的物探技术空白,目前该方法已达到国内先进水平。

（6）其不足之处是跨孔间超声波法探测的水平距离会受仪器发射能量大小、岩土介质性质、管道特性的限制，在松散、不密实的土层中，不利于开展跨孔超声波法探测地下管道埋深的工作；超声波在土层介质中有效传播距离的大小有待进一步试验研究。

（7）同理，由于混凝土波速与土层波速存在明显差异，对于水泥管道、PVC 材质的管道探测的有效性有待进一步研究。

参考文献

[1] 李广信,张丙印,于玉贞.土力学[M].北京:清华大学出版社,2013.

[2] 邓永锋,刘松玉.扰动对软土强度影响规律研究[J].岩石力学与工程学报,2007,26(9):1940-1944.

[3] 高大钊,张少钦,姜安龙,等.取样扰动对土的工程性质指标影响的试验研究[J].工程勘察,2006(3):6-10.

[4] 龚序两.钻探取土的扰动影响及其预防[J].资源环境与工程,2005,19(2):105-110.

[5] 刘华清,赵春风,高大钊.取样扰动对土天然强度指标的影响和处理方法[J].岩土工程技术,2002(3):158-162.

[6] 林楠,武朝军,叶冠林.上海浅部黏土化学特性与沉降环境相关性[J].工程地质学报,2017,25(4):1105-1112.

[7] 刘治请,宋晶,杨玉双,等.饱和细粒土固结过程的三维孔隙演化特征[J].工程地质学报,2017,24(5):931-940.

[8] 瞿帅,刘维正,聂志红.长期循环荷载下人工结构性软土累计变形规律及预测模型[J].工程地质学报,2017,25(4):975-984.

[9] 王建华,程国勇,张立.取样扰动引起土层剪切波速变化的试验研究[J].岩石力学与工程学报,2004,23(15):2604-2608.

[10] Anim K. Effect of Strain Rate on the Shear Strength of Questa Rock Pine Materials[D]. New Mexico Institute of Mining and Technology,2010.

[11] 阚卫明,刘爱民.剪切速率对粉质黏土抗剪强度的影响[J].中国港湾建设,2008(2):23-26.

[12] Ajmera B,Tiwari B,Shrestha D. Effect of Mineral Composition and Shearing Rates on the Undrained Shear Strength of Expansive Clays[C]//GeoCongress 2012s State of the Art and Practice in Geotechnical Engineering. ASCE,2Q12:1185-1194.

[13] 周杰,周国庆,赵光思,等.高应力下剪切速率对砂土抗剪强度影响研究[J].岩土力学,2010,31(9):2805-2810.

[14] 徐肖峰,魏厚振,孟庆山,等.直剪剪切速率对粗粒土强度与变形特性的影响[J].岩土工程学报,2013,35(4):728-733.

[15] Jung B C. Modeling of strain rate effects on clay in simple shear[D]. Texas A&M University,2006.

[16] Diaz-Rodriguez J A, Martinez Vasquez J J, Santamarina J C. Strain-rate effects in Mexico City soil[J]. Journal of geotechnical and geoenvironmental engineering, 2009,135(2):300-305.

[17] 齐剑峰, 架茂田, 聂影, 等. 饱和戴土循环剪切强度与变形特性的试验研究[J]. 水利学报, 2008,39(7):822-828.

[18] Rowe R K, Hinchberger S D. The significance of rate effects in modelling the Sackville test embankment[J]. Canadian Geotechnical Journal, 1998,35(3):500-516.

[19] 蔡羽, 孔令伟, 郭爱国, 等. 剪应变率对湛江强结构性戮土力学性状的影响[J]. 岩土力学, 2006,27(8):1235-1240.

[20] Lefebvre G, LeBoeuf D. Rate effects and cyclic loading of sensitive clays[J]. Journal of Geotechnical Engineering, 1987,113(5):476-489.

[21] 潘永坚, 李高山, 欧阳涛坚, 等. 宁波软土地区基准基床系数试验方法与取值标准研究[J]. 水文地质工程地质, 2016,43(4):103-107.

[22] 工程地质手册编委会. 工程地质手册[M]. 北京: 中国建筑工业出版社, 2007.

[23] GB50307-2012 城市轨道岩土工程勘察规范[S]. 北京: 中国计划出版社, 2012.

[24] 屈峰玉. 基床系数测试方法的研究及应用[D]. 西安: 长安大学, 2008.

[25] 周亮. 基床系数测试方法及结果分析[D]. 西安: 长安大学, 2009.

[26] 赵家明. 扁铲侧胀试验在武汉市轨道交通三号线工程勘察中的应用[J]. 中国水运, 2013,13(4):285-286.

[27] 杨超, 汪稔, 傅志斌, 等. 扁铲侧胀试验在滨海沉积软土中的应用[J]. 水文地质工程地质, 2010,37(2):79-82.

[28] 唐世栋, 林华国, 傅纵. 用扁铲侧胀试验求解侧向基床反力系数的方法[J]. 地下空间, 2004,24(3):322-326.

[29] 姜彤, 田明磊, 等. 基床系数室内试验方法[J]. 华北水利水电学报, 2010,31(2):28-32.

[30] 仲锁庆, 张西平, 潘海利. 地基土基床系数研究[J]. 地下空间与工程学报, 2005,1(7):1109-1112.

[31] 周宏磊, 张在明. 基床系数的试验方法与取值[J]. 工程勘察, 2004(2):11-15.

[32] 张蕾, 高广运, 高盟. 基床系数确定方法的探讨[J]. 地下空间与工程学报, 2011,7(4):812-818.

[33] 李飚, 刘生财, 曹益明, 等. 基于不同测试方法的宁波海相软土电阻率测试研究[J]. 科技通报, 2018,34(9):99-103

[34] 刘松玉, 查甫生, 于小军. 土的电阻率室内测试技术研究[J]. 工程地质学报, 2006,14(2):216-222.

[35] 曹晓斌, 吴广宁, 付龙海, 等. 直流电流密度对土壤电阻率的影响[J]. 中国电机工程学报, 2008,28(6):37-42.

[36] 周蜜, 王建国, 黄松波, 等. 土壤电阻率测量影响因素的试验研究[J]. 岩土力学, 2011(11):3269-3275.

[37] 蔡国军,张涛,刘松玉,等.江苏海相黏土电阻率与岩土特性参数间相关性研究[J].
岩土工程学报,2013(8):1470-1477.

[38] 陈宇良.浅层气对工程的影响[J].水运工程,2007(6):25-29.

[39] 冯铭璋,季军.上海地区浅层气地质灾害评估[J].上海地质,2006(4):44-47.

[40] 周殷康,阎长虹,李学乾,等.第四系全新统软土地层中浅层气空间分布及其控灾特
征[J].工程勘察,2016(5):17-20,25.

[41] 蒋维三,叶舟,郑华平,等.杭州湾地区第四系浅层天然气的特征及勘探方法[J].天
然气工业,1997,17(3):20-23.

[42] 郭爱国,孔令伟,沈林冲,等.地铁建设中浅层气危害防治对策研究[J].岩土力学,
2013,34(3):769-775.

[43] 杨逢春.浙江近海浅层天然气的分布特征及其对工程建筑的影响[J].东海海洋,
1989,7(3):20-25.

[44] 王勇,孔令伟,郭爱国,等.气体释放速率对浅层气藏中气水运移的影响[J].浙江大
学学报(工学版),2010,44(10):1883-1889.

[45] 孔令伟,钟方杰,郭爱国,等.杭州湾浅层储气砂土应力路径试验研究[J].岩土力学,
2009,30(8):2209-2211.

[46] 孔令伟,郭爱国,陈守义,等.浅层天然气井喷对地层的损伤影响与桩基工程危害分
析[J].防灾减灾工程学报,2004,24(4):375-380.

[47] 叶俊能,李国军.浅层气对桥梁桩基的影响及其对策研究[J].公路,2008(12):
61-64.

[48] 郭爱国,孔令伟,陈建斌,等.孔压静力触探用于含浅层生物气砂土工程特性的试验
研究[J].岩土力学,2007,28(8):1539-1543.

[49] 徐国庆,岳丰田,王弘琦,等.杭州地铁1号线穿越钱塘江地层沼气释放技术探讨
[J].隧道建设,2013,33(3):247-251.

[50] 李粮纲,赵永刚,余雷.采用密闭取心和改装静力触探仪勘察第四系有害气体[J].煤
田地质与勘探,2009,37(5):72-76.

[51] 张维然,段正梁,曾正强,等.上海市地面沉降特征及对社会经济发展的危害[J].同
济大学学报,2002,9(30):1129-1133.

[52] 武强,谢海澜,赵增敏,等.弱透水层变形机理的研究[J].北京科技大学学报,2006,
28(3):207-210.

[53] 杨献忠,张耀夫,叶念军,等.地下水超采条件下蒙脱石的脱水作用对地面沉降的影
响[J].地质前缘,2003(3):230.

[54] 张云,薛禹群,李勤奋,等.上海现阶段主要沉降层及其变形特征分析[J].水文地质
工程地质,2003(5):6-15.

[55] 王秀艳,刘长礼,张云,等.超固结粘性土变形特征及可持续开采水位降的室内试验
确定方法[J].岩土力学,2006(6):875-879.

[56] 严学新,龚士良,曾正强,等.上海城区建筑密度与地面沉降关系分析[J].水文地质
工程地质,2002(6):21-25.

[57] 崔振东,唐益群,卢辰,等.工程环境效应引起上海地面沉降预测[J].工程地质学报, 2007,15(2):233-236.

[58] 施伟华.建设工程与水资源开发对地面沉降影响分析[J].上海地质,1999(4):51-53.

[59] 李振东,郑铣鑫.宁波市土层变形特征及地面沉降机理的研究[J].河北地质学院学 报,1989(1):8-17.

[60] 叶俊能,郑铣鑫,侯艳声.宁波轨道交通规划区域地面沉降特征分析及监测[J].水文 地质工程地质,2010,37(5):107-111.

[61] 张弘怀,郑铣鑫,唐仲华,等.宁波平原地面沉降全耦合数值模拟研究[J].水文地质 工程地质,2013,40(4):77-82.

[62] 赵团芝,侯艳声,胡新锋,等.宁波市工程性地面沉降成因分析及防治对策研究[J]. 上海国土资源,2016,37(3):60-63.

[63] 许劼,王国权,李晓昭.城市地下空间开发对地下水环境影响的初步研究[J].工程地 质学报,1999,7(1):15-19.

[64] 曹洪,骆冠勇,廖建三,等.广州地区地下空间开发对地下水环境的影响研究[J].岩 石力学与工程学报,2006,25(S2):3347-3356.

[65] Zhao J,Lee K W.Construction and Utilization of Rock Caverns in Singapore,Part C: Planning and location Selection[J].Tunnelling and Underground Space Technolo- gy,1996,11(1):81-84.

[66] 官善友,朱锐,高振宇.地质条件对武汉市地下空间开发的影响及分区评价[J].工程 勘察,2008(9):6-10.

[67] 廖建三,彭卫平,林本海.影响广州市浅层地下空间开发利用的地质因素分析及分区 评价[J].岩石力学与工程学报,2006,25(S2):3357-3362.

[68] 王军辉,周宏磊,韩煊,等.北京市地下空间运营期主要水灾水害问题分析[J].地下 空间与工程学报,2010,6(2):224-229.

[69] 王军辉,韩煊,周宏磊,等.地下水环境与运营期的城市地下空间相互作用[J].土木 建筑与环境工程,2011,33(S2):50-54.

[70] 徐光黎,马郧,张杰青,等.东京地下水位上升对地下工程的危害警示[J].岩土工程 学报,2014,36(S2):269-273.

[71] 高岩,钟春玲.地下水对城市地下空间工程施工安全影响[J].吉林建筑工程学院学 报,2014,31(1):16-22.

[72] 中华人民共和国建设部.高层建筑岩土工程勘察规程(JGJ 72-2017)[S].北京:中国 建筑工业出版社,2004.

[73] 黄志仑.关于地下建筑物的地下水扬力问题分析[J].岩土工程技术,2002(5):273- 274,283.

[74] 李广信,吴剑敏.浮力计算与粘土中的有效应力原理[J].岩土工程技术,2003(2): 63-66.

[75] 黄志仑,马金普,李丛蔚.关于多层地下水情况下的抗浮水位[J].岩土工程技术, 2005,19(4):182-183,217.